Julio César Beltrán-Rocha
Ulrico Javier López-Chuken
Icela Dagmar Barceló-Quintal

Microalgas

AF141254

Julio César Beltrán-Rocha
Ulrico Javier López-Chuken
Icela Dagmar Barceló-Quintal

Microalgas

Panorama ambiental y aprovechamiento comercial

Editorial Académica Española

Impressum / Aviso legal
Bibliografische Information der Deutschen Nationalbibliothek: Die Deutsche
Nationalbibliothek verzeichnet diese Publikation in der Deutschen
Nationalbibliografie; detaillierte bibliografische Daten sind im Internet über
http://dnb.d-nb.de abrufbar.
Alle in diesem Buch genannten Marken und Produktnamen unterliegen
warenzeichen-, marken- oder patentrechtlichem Schutz bzw. sind
Warenzeichen oder eingetragene Warenzeichen der jeweiligen Inhaber. Die
Wiedergabe von Marken, Produktnamen, Gebrauchsnamen, Handelsnamen,
Warenbezeichnungen u.s.w. in diesem Werk berechtigt auch ohne besondere
Kennzeichnung nicht zu der Annahme, dass solche Namen im Sinne der
Warenzeichen- und Markenschutzgesetzgebung als frei zu betrachten wären
und daher von jedermann benutzt werden dürften.

Información bibliográfica de la Deutsche Nationalbibliothek: La Deutsche
Nationalbibliothek clasifica esta publicación en la Deutsche
Nationalbibliografie; los datos bibliográficos detallados están disponibles en
internet en http://dnb.d-nb.de.
Todos los nombres de marcas y nombres de productos mencionados en este
libro están sujetos a la protección de marca comercial, marca registrada o
patentes y son marcas comerciales o marcas comerciales registradas de sus
respectivos propietarios. La reproducción en esta obra de nombres de marcas,
nombres de productos, nombres comunes, nombres comerciales,
descripciones de productos, etc., incluso sin una indicación particular, de
ninguna manera debe interpretarse como que estos nombres pueden ser
considerados sin limitaciones en materia de marcas y legislación de
protección de marcas y, por lo tanto, ser utilizados por cualquier persona.

Coverbild / Imagen de portada: www.ingimage.com

Verlag / Editorial:
Editorial Académica Española
ist ein Imprint der / es una marca de
OmniScriptum GmbH & Co. KG
Heinrich-Böcking-Str. 6-8, 66121 Saarbrücken, Deutschland / Alemania
Email / Correo Electrónico: info@eae-publishing.com

Herstellung: siehe letzte Seite /
Publicado en: consulte la última página
ISBN: 978-3-659-09377-7

MICROALGAS: PANORAMA AMBIENTAL Y APROVECHAMIENTO COMERCIAL

MICROALGAS:
PANORAMA AMBIENTAL Y APROVECHAMIENTO COMERCIAL

Por:

Julio César Beltrán-Rocha, MSc.

Laboratorio de Investigación en Ciencias Ambientales
Facultad de Ciencias Químicas (FCQ)
Universidad Autónoma de Nuevo León (UANL), México
e-mail: *jucesbeltran@hotmail.com*

Ulrico Javier López-Chuken, PhD

Profesor-Investigador. Nivel I del Sistema Nacional de Investigadores
Jefe del Laboratorio de Investigación en Ciencias Ambientales
Facultad de Ciencias Químicas (FCQ)
Universidad Autónoma de Nuevo León (UANL), México
e-mail: *ulrico.lopezch@uanl.mx*

Icela Dagmar Barceló-Quintal, PhD

Profesora-Investigadora. Nivel I del Sistema Nacional de Investigadores
Jefa del Área de Investigación de Química y Fisicoquímica Ambiental
División de Ciencias Básicas e Ingeniería (CBI)
Universidad Autónoma Metropolitana (UAM), Unidad Azcapotzalco, México
e-mail: *ibarceloq@gmail.com*

La ciencia no es sino una perversión de sí misma a menos que tenga como objetivo final el mejoramiento de la humanidad

Nikola Tesla

ÍNDICE

CAPÍTULO 1

CAPÍTULO 2

CAPÍTULO 3

CAPÍTULO 4

CONSIDERACIONES EN LA PRODUCCIÓN DE BIOMASA DE MICROALGAS Y TRATAMIENTO DE AGUAS

Capítulo 1

POLUCIÓN Y EUTROFIZACIÓN

1-1   Eutrofización: definición y efectos

La eutrofización se define desde el punto de vista ambiental como el enriquecimiento de agua con nutrientes especialmente N y P, a un ritmo tal que no puede ser compensado de forma natural por eliminación o mineralización total (Khan y Ansary, 2005). Esta definición es consistente con el uso histórico y hace hincapié en que la eutrofización es un proceso y no un estado trófico (Nixon, 1995). Aunque ocurre de forma natural y estacional, se ha acelerado considerablemente por el aumento de la población e intervención antropogénica que ha incrementado la tasa de nutrientes desechados hacia los cuerpos de agua (*i.e.* descargas eutróficas; Nixon, 1995; US EPA, 2000).

La eutrofización del agua es uno de los problemas ambientales más desafiantes a nivel mundial y que tiene como consecuencia graves desequilibrios en los ecosistemas acuáticos. Tal es el caso de las denominadas "zonas muertas" presentes en muchos litorales, que han aparecido y se han extendido desde la década de los 60´s (Diaz, 2001). Las zonas muertas se caracterizan por tener una disminución del oxígeno disuelto (OD) llegando a estados de hipoxia y anoxia. Las zonas muertas se han reportado en más de 400 sistemas en el mundo, afectando una superficie total de 245,000 kilómetros cuadrados (Diaz y Rosenberg, 2008). Estas zonas se han desarrollado principalmente en los mares continentales aledaños a zonas pesqueras, tales como el mar Báltico, Kattegat (mar entre Dinamarca y Suecia), mar Negro, mar Oriental de China y la zona norte del Golfo de México (Diaz y Rosenberg, 2008).

La Figura 1-1 identifica 415 zonas eutróficas e hipóxicas distribuidas alrededor del planeta, de las cuales 169 son áreas hipóxicas, 233 son áreas eutrofizadas y 13 son sistemas en estado de recuperación.

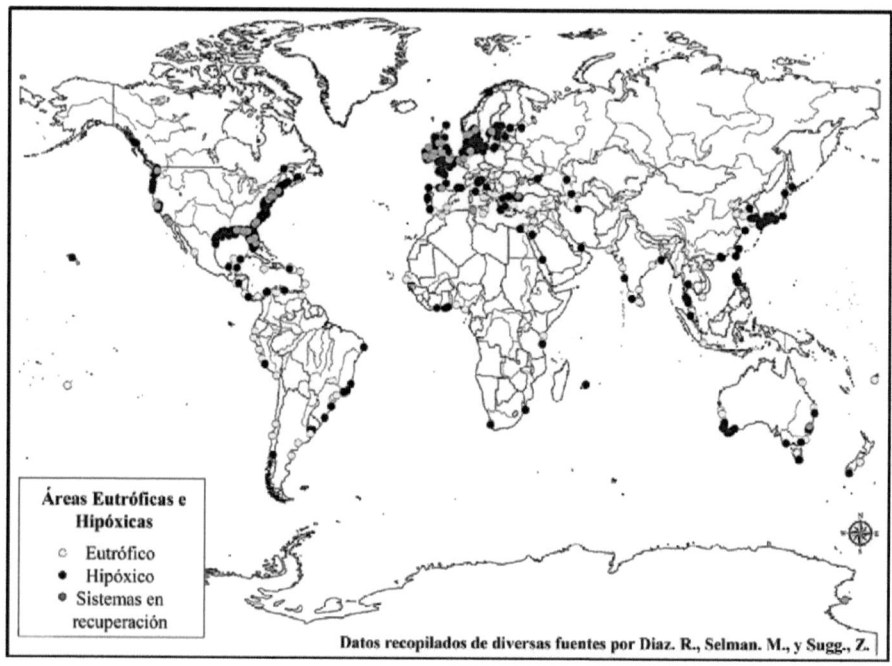

Figura 1-1. Distribución mundial de zonas costeras eutróficas e hipóxicas (Selman *et al.*, 2008)

Aunque los procesos que ocurren en los cuerpos receptores de agua afectados por descargas eutróficas no se han entendido en su totalidad, se sabe que el aporte excesivo de nutrientes tiene como consecuencia una respuesta ecológica negativa que resulta en una proliferación masiva de algas, fitoplancton y plantas acuáticas, la cual inicialmente eleva la actividad fotosintética, resultando en una gran cantidad de biomasa y OD (oxígeno disuelto). Asimismo, la oxidación de la materia orgánica incrementa la cantidad de sólidos en el agua, lo que aumenta la turbidez del medio y la acumulación de sedimentos en los cuerpos de agua (Liu y Qui, 2007), reduciendo la incidencia de la radiación solar fotosintéticamente activa y por consiguiente ocasionando mortandad de especies acuáticas (Hautlier *et al.*, 2009). Por otra parte la acumulación de sustancias tóxicas como toxinas de algas marinas (Heisler *et al.*, 2008), favorecen la proliferación de organismos invasivos resistentes (Lotze *et al.*, 2006). Pero sobre todo, las consecuencias que engloba la eutrofización resultan cruciales debido a que los recursos hídricos y acuáticos pueden perderse completamente (Postel y Carpenter, 1997). En la Figura 1-2 se presentan los principales procesos responsables de la generación y mantenimiento de la eutrofización en sistemas acuáticos.

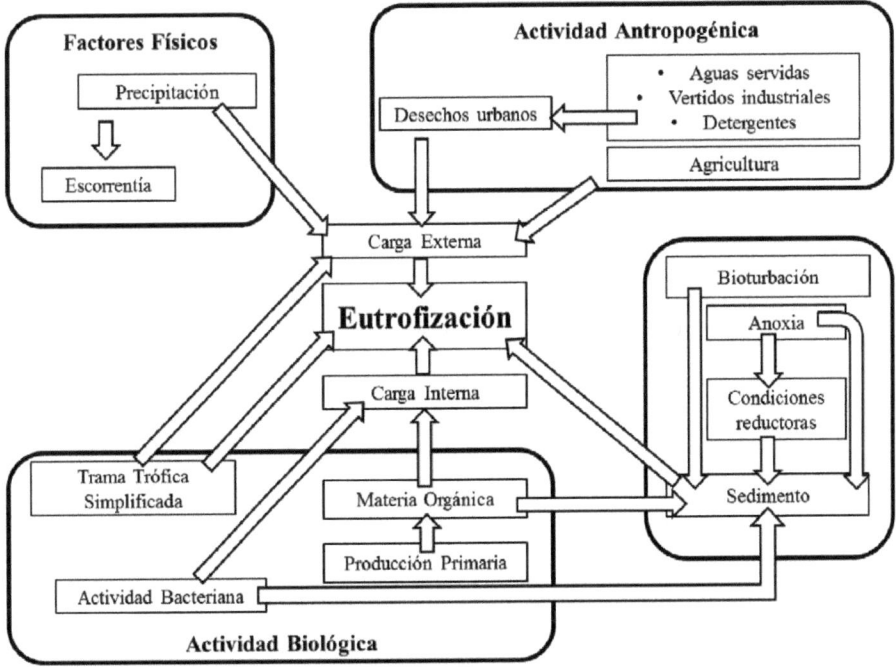

Figura 1-2. Principales factores y procesos que desencadenan y mantienen las respuestas del proceso de eutrofización (Mazzeo *et al.*, 2002)

El efecto adverso de la eutrofización en sistemas marinos y costeros, causa una amplia variedad de síntomas indeseables, que están directa o indirectamente relacionados con el crecimiento excesivo de plantas acuáticas (Tabla 1-1).

Tabla 1-1. Efectos adversos de eutrofización en cuerpos de agua y áreas costeras (Smith, 2003)

- Incremento de la biomasa de fitoplancton
- Cambios en la composición del fitoplancton y floración de especies las cuales en una gran mayoría pueden ser toxicas o no consumidas eficazmente por herbívoros acuáticos
- Incremento de productividad, biomasa y la composición de especies adheridas a microalgas (perifiton)
- Incremento de productividad, biomasa y la composición de especies de macroalgas marinas
- Cambios en la productividad, biomasa y la composición de especies de plantas vasculares acuáticas
- Disminución de la producción deseable de peces y crustáceos
- Reducciones en la salud y el tamaño de las poblaciones de corales marinos
- Amenazas a especies acuáticas en peligro de extinción
- Problemas en el olor, sabor y filtración en el abastecimiento de agua potable
- Agotamiento del oxígeno en aguas profundas
- Disminuciones en el valor estético percibido del cuerpo de agua
- Impactos negativos económicos, incluidos los valores de propiedad y de disminución de los usos recreativos

De manera general los impactos ecológicos adversos causados por la eutrofización se pueden clasificar en base a tres aspectos (Dodds *et al.*, 2009):

1. Reducción de la biodiversidad y la sustitución de las especies dominantes
2. Aumento de la toxicidad del agua
3. Aumento de la turbidez del agua y disminución de la vida útil en los sistemas acuáticos

1-2   Diagnóstico y cuantificación de la eutrofización

El grado de eutrofización depende de múltiples variables, incluyendo las características de la cuenca hidrológica, así como de los aspectos químicos y biológicos de los cuerpos de agua receptores (US EPA, 2000). De esta manera, existen diversos criterios para la clasificación del estado trófico en aguas superficiales (Tabla 1-2) y de calidad de agua superficial (Tabla 1-3), basados principalmente en la concentración de nutrientes (N y P), clorofila, turbidez de agua y OD (Yang *et al.*, 2008). McCool y Renard (1990) reportan que concentraciones en el agua a partir de 0.3 mg/L de N inorgánico y 0.015 mg/L de P inorgánico son los niveles en que la eutrofización podría representar un problema para los ecosistemas. En donde, la concentración final en el sistema receptor se presenta como el criterio más importante a considerar y más relevante desde el punto de vista ambiental (CNEPA, 2002).

Tabla 1-2. Criterios para la clasificación del estado trófico en agua

Estado Trófico	PT (μg/L)	NT (μg/L)	Clorofila a (μg/L)		Transparencia [a] (m)	
			Media	Máximo	Media	Máximo
Criterio OECD (Ryding y Rast, 1994)						
Ultra-Oligotrófico	< 4	–[b]	< 1	< 2.5	> 12	> 6
Oligotrófico	< 10	–	< 2.5	< 8	> 6	> 3
Mesotrófico	10 – 35	–	2.5 – 8	8 – 25	6 – 3	3 – 1.5
Eutrófico	35 – 100	–	8 – 25	25 – 75	3 – 1.5	1.5 – 0.7
Hipereutrófico	> 100	–	> 25	> 75	< 1.5	< 0.7
Criterio canadiense (Environment Canada, 2004)						
Ultra-Oligotrófico	< 4	–	< 1	< 2.5	> 12	> 6
Oligotrófico	4 – 10	–	< 2.5	< 8	> 6	> 3
Mesotrófico	10 – 20	–	2.5 – 8	8 – 25	6 – 3	3 – 1.5
Meso-eutrófico	20 – 35	–	–	–	–	–
Eutrófico	35 – 100	–	8 – 25	25 – 75	3 – 1.5	1.5 – 0.7
Hipereutrófico	> 100	–	> 25	> 75	< 1.5	< 0.7
Criterio Nürnberg (Nürnberg, 2001)						
Oligotrófico	< 10	< 350	< 3.5	–	–	–
Mesotrófico	10 – 30	350 – 650	3.5 – 9	–	–	–
Eutrófico	31 – 100	651 – 1200	9.1 – 25	–	–	–
Hipereutrófico	> 100	> 1200	> 25	–	–	–
Criterio Quebec (MDDEP, 2007)						
Oligotrófico	4 – 10	–	1 – 3	–	12 – 5	–
Mesotrófico	10 – 30	–	3 – 8	–	5 – 2.5	–
Eutrófico	30 – 100	–	8 – 25	–	2.5 – 1	–
Criterio Sueco (University of Florida, 1983)						
Oligotrófico	< 15	< 400	< 3	–	> 3.96	–
Mesotrófico	15 – 25	400 – 600	3 – 7	–	2.43 – 3.96	–
Eutrófico	25 – 100	600 – 1500	7 – 40	–	0.91 – 2.43	–
Hipereutrófico	> 100	> 1500	> 40	–	< 0.91	–

Criterio propuesto por Janus y Vollenweider, 1981

Estado Trófico	Media de PT (μg/L)	Materia orgánica	Clorofila máxima (μg/L)	Transparencia [a] (m)
Oligotrófico	8.0	baja	4.2	9.9
Mesotrófico	26.7	media	16.1	4.2
Eutrófico	84.4	alta	42.6	2.45

Criterio propuesto por Forsberg y Ryding, 1980

Estado Trófico	PT (μg/L)	NT(μg/L)	Clorofila (μg/L)	Transparencia [a] (m)
Oligotrófico	< 15	< 400	< 3	> 4
Mesotrófico	15 – 25	400 – 600	3 – 7	4 – 2.5
Eutrófico	25 – 100	600 – 1500	7 – 40	2.5 – 1
Hipereutrófico	> 100	> 1500	> 40	< 1.0

Criterio propuesto por Chapra y Dobson, 1981

Estado Trófico	PT (μg/L)	Clorofila (μg/L)	Transparencia [a] (m)
Oligotrófico	< 11	< 2.9	> 5
Mesotrófico	11 – 21.7	2.9 – 5.6	5 – 3
Eutrófico	> 21.7	> 5.6	< 3

Criterio propuesto por Dodds et al., 1998

Estado Trófico	PT (mg/L)	NT (mg/L)	Clorofila sestónica (μg/L)	Media de clorofila bentónica (mg m^{-2})
Oligotrófico-Mesotrófico (límite)	0.025	0.7	10	20
Mesotrófico-Eutrófico (límite)	0.075	1.5	30	70

[a] Transparencia por profundidad de disco Secchi; –[b] no disponible; NT: Nitrógeno total; PT: Fósforo total

Tabla 1-3. Criterios de calidad de agua superficial de lagos o reservorios (CNEPA, 2002)

Clasificación de agua superficial					
Parámetro	Clase I	Clase II	Clase III	Clase IV	Clase V
Temperatura de Agua (°C)	Incremento máximo semanal ≤ 1; disminución máxima semanal ≤ 2				
pH	6 – 9				
OD (mg/L)	$\geq 90\%$	≥ 6	≥ 5	≥ 3	≥ 2
DQO$_{Mn}$ (mg/L)	≤ 2	≤ 4	≤ 6	≤ 10	≤ 15
DQO$_{Cr}$ (mg/L)	≤ 15	≤ 15	≤ 20	≤ 30	≤ 40
DBO$_5$ (mg/L)	≤ 3	≤ 3	≤ 4	≤ 6	≤ 10
NT (mg/L)	≤ 0.2	≤ 0.5	≤ 1.0	≤ 1.5	≤ 2.0
NH$_3$-N (mg/L)	≤ 0.15	≤ 0.5	≤ 1.0	≤ 1.5	≤ 2.0
NO$_2$-N (mg/L)	≤ 0.06	≤ 0.1	≤ 0.15	≤ 1.0	≤ 1.0
PT (mg/L)	≤ 0.01	≤ 0.025	≤ 0.05	≤ 0.1	≤ 0.2
Clorofila a (mg/L)	≤ 0.001	≤ 0.004	≤ 0.01	≤ 0.03	≤ 0.065
Transparencia (m)	≥ 15	≥ 4	≥ 2.5	≥ 1.5	≥ 0.5
Escherichia coli (L^{-1})	≤ 200	≤ 2000	≤ 10000	≤ 20000	≤ 40000

DQO$_{Mn}$: Demanda química de oxígeno por método de oxidación K$_2$MnO$_4$; DQO$_{Cr}$: Demanda química de oxígeno por método de oxidación cromo; DBO$_5$: Demanda bioquímica de oxígeno

1-3   Eutrofización (Fuentes de la polución por nutrientes)

Dentro de las principales causas de descargas eutróficas se encuentran la aplicación no controlada y excesiva de fertilizantes en la agricultura, el vertido de efluentes orgánicos industriales con nulo o escaso tratamiento y los desechos pecuarios (Smith, 2003; Yang et al., 2008). Sin embargo, el flujo de nutrientes hacia medios acuáticos se debe principalmente a la suma de descargas de múltiples fuentes, como las incluidas en la Tabla 1-4.

Tabla 1-4. Fuentes y rutas de entrada de nutrientes en sistemas costeros (basado en Selman et al., 2008)

Fuentes	Rutas de entrada		
	Aire	Agua superficial	Agua subterránea
Combustión de combustibles fósiles	●		
Sistemas sépticos			●
Escurrimiento de aguas pluviales urbanas		●	
Industria		●	
Aguas residuales urbanas / aguas residuales		●	
Fertilizantes agrícolas	●	●	●
Explotaciones ganaderas	●	●	●
Acuicultura		●	

Las entradas de contaminantes químicos tales como nitrógeno y fósforo a cuerpos de agua se clasifican como fuentes difusas o puntuales, las distintas características de estas fuentes según los estatus de Estados Unidos de América se incluyen en la Tabla 1-5. Las fuentes difusas a menudo se derivan de extensas áreas de tierra siendo transportados por tierra, bajo tierra, o a través de la atmósfera a las aguas receptoras, por lo que consecuentemente las fuentes difusas tienden a ser difíciles de medir y regular. Las fuentes puntuales como vertidos de agua residual tratada tienden a ser continuas, con poca variabilidad en tiempo, con relativa facilidad de ser medidas y asimismo ser tratadas en el punto de origen (Carpenter *et al.*, 1998).

Tabla 1-5. Características de fuentes difusas y puntuales de contaminantes químicos en cuerpos receptores de agua (modificado por Novotny y Olem 1994)

Fuentes difusas
- Escorrentía de agricultura (Incluyendo el flujo de retorno de la agricultura de regadío)
- Escorrentía de los pastos y sierra
- Escorrentía urbana de áreas sin alcantarillado y áreas con una población < 100 000
- Lixiviación de fosas sépticas y aguas de escorrentía de sistemas sépticos fallidos
- Escorrentía de sitios de construcción < 2 hectáreas
- Escorrentía de minas abandonadas
- Deposición atmosférica sobre la superficie de agua
- Actividades en suelo que generan contaminantes, tales como la tala, la conversión de humedales, la construcción y el desarrollo en suelos o cursos de agua

Fuentes puntuales
- Efluentes aguas residuales (municipales e industriales)
- Escorrentía y lixiviación de sitios de disposición de residuos
- Escorrentía y lixiviación de corrales de engorda de animales
- Escorrentía de minas, campos de petróleo, sitios industriales sin alcantarillado
- Desagües pluviales de las ciudades con una población > 100 000
- Desbordamientos por la combinación de tormentas y alcantarillas sanitarias
- Escorrentía de sitios de construcción > 2 hectáreas

La contaminación proveniente de fuentes puntuales, dadas las características mencionadas anteriormente, tienen la ventaja y posibilidad de ser tratadas y/o reguladas en su mayoría a través de permisos reglamentarios, inspecciones, procesos de cumplimiento y regularización (Novotny y Olem 1994). Los niveles de concentración de nitrógeno y fósforo total que aportan las fuentes puntuales de mayor importancia, se encuentran recopilados en la Tabla 1-6.

Tabla 1-6. NT y PT contenidos en diferentes flujos de residuos (Cai *et al.*, 2013)

Categoría de aguas residuales	Descripción	NT (mg/L)	PT (mg/L)	Cociente de N/P
Municipales	Aguas residuales	15 – 90	5 – 20	3.3
Animales	Ganado vacuno	185 – 2636	30 – 727	3.6 – 7.2
	Aves de corral	802 – 1825	50 – 446	4 – 16
	Ganado porcino	1110[a] – 3213	310 – 987	3.0 – 7.8
	Coral de engorda vacuno	63 – 4165	14 – 1195	2.0 – 4.5
Industriales	Textil	21 – 57[a]	1.0 – 9.7[b]	2.0 – 4.1
	Elaboración de vino	110[a]	52	2.1
	Curtiduría	273[a]	21[b]	13.0
	Fábrica de papel	1.1 – 10.9	0.6 – 5.8	3.0 – 4.3
	Molino de olivo	532	182	2.9
Efluentes con digestión anaeróbica	Estiércol de ganado lechero	125 – 3456	18 – 250	7.0 – 13.8
	Estiércol de aves de corral	1380 – 1580	370 – 382	3.6 – 4.3
	Lodos de depuración	427 – 467	134 – 321	–
	Desperdicios de alimentos y estiércol de ganado lechero	1640 – 1885[a]	296 – 302	–

– No especificado, [a] Nitrógeno total Kjeldahl, [b] Ortofosfatos totales ($PO_4^{3-}P$)

1-4   Descarga de efluentes tratados de fuentes puntuales

Si los efluentes no son reutilizados, son descargados directamente hacia el ambiente en sistemas acuáticos sensibles, por lo que se han establecido normas y límites para la descarga, que pueden diferir entre países. Por ello se considera como regla general que cuanto más sensible sea el medio receptor de la descarga, mayor deberá ser la calidad del efluente. Algunos límites habituales de descarga adoptados mundialmente en una gran cantidad de países industrializados y en países en vías de desarrollo, son presentados en la Tabla 1-7.

De esta manera, la WHO ha declarado que los estándares de calidad ambiental relacionados al deterioro de la calidad del agua en los cuerpos receptores deberá ser el mínimo posible. Así, las valoraciones del agua residual tratada en las Plantas de Tratamiento de Aguas Residuales Municipales (PTAR) son utilizadas comúnmente para estimar la calidad del efluente, donde ésta se evalúa de acuerdo a una serie de parámetros descritos en la Tabla 1-8.

Tabla 1-7. Normas típicas de descarga de agua tratada (Ayers y Westcot, 1985; WHO, 1989)

Parámetro	Descarga en agua superficial			Uso de efluentes en riego y acuicultura
	Alta calidad	Baja calidad	Sensible a eutrofización	
DBO	20	50	10	100[1]
SST	20	50	10	< 50[1]
N Kjeldahl	10	–	5	–
NT	–	–	10	–
PT	1	–	0.1	–
Coliformes fecales (NMP/100 mL)	–	–	–	< 1000
Huevecillos de helmintos	–	–	–	< 1
SAR	–	–	–	< 5
SDT	–	–	–	< 500[2]

– No hay normas establecidas; [1] norma agronómica; [2] No hay restricciones sobre la selección de cultivos, SST: Sólidos suspendidos totales; SDT: Sólidos disueltos totales; SAR: Relación de absorción de sodio

Tabla 1-8. Clasificación de calidad fisicoquímica de agua de descarga en sistemas receptores

(basado en LAWA, 1998)

Clase	PT	NO_3^-N	NH_4^-N	NT	AOX
			mg/L*		
I	≤ 0.05	≤ 1.0	≤ 0.04	≤ 1.0	„0"
I – II	≤ 0.08	≤ 1.5	≤ 0.10	≤ 1.5	≤ 0.01
II	≤ 0.15	≤ 2.5	≤ 0.30	≤ 3.0	≤ 0.025
II – III	≤ 0.30	≤ 5.0	≤ 0.60	≤ 6.0	≤ 0.05
III	≤ 0.60	≤ 10	≤ 1.20	≤ 12	≤ 0.1
III –IV	≤ 1.20	≤ 20	≤ 2.40	≤ 24	≤ 0.2
IV	> 1.20	> 20	> 2.40	> 24	> 0.2

Clase	Concentración total de metal						
	Pb [A,S]	Cd [A]	Cr [S]	Cu [S]	Ni [S]	Hg [A]	Zn [S]
				mg/Kg**			
I	≤ 25	≤ 0.3	≤ 80	≤ 20	≤ 30	≤ 0.2	≤ 100
I – II	≤ 50	≤ 0.6	≤ 90	≤ 40	≤ 40	≤ 0.4	≤ 150
II	≤ 100	≤ 1.2	≤ 100	≤ 60	≤ 50	≤ 0.8	≤ 200
II – III	≤ 200	≤ 2.4	≤ 200	≤ 120	≤ 100	≤ 1.6	≤ 400
III	≤ 400	≤ 4.8	≤ 400	≤ 240	≤ 200	≤ 3.2	≤ 800
III – IV	≤ 800	≤ 9.6	≤ 800	≤ 480	≤ 400	≤ 6.4	≤ 1600
IV	> 800	> 9.6	> 800	> 480	> 400	> 6.4	> 1600

AOX: Compuestos Orgánicos Halogenados; [A]: ecosistema acuático, [S]: Sólidos suspendidos y sedimentos, *: en comparación con el percentil 90; **: comparado con el percentil 50. Clase I: nivel de base natural (original), I – II: impacto antropogénico muy bajo, II: bajo impacto, II – III: impacto significativo, III: de alto impacto, III – IV: de muy alto impacto

Es de importancia mencionar que el N se puede encontrar en diversas formas (NO_3^-, NO_2^-, NH_4^+, NH_3, N_2), para el caso de efluentes PTAR municipales e industriales este es reportado como nitrógeno total, nitrógeno orgánico o nitrógeno Kjeldahl (nitrógeno orgánico más amonio) (Smith *et al.*, 1999). Donde el nitrógeno total (NT) comprende la suma de nitrógeno de nitratos (NO_3^--N), nitrógeno de nitritos (NO_2^--N), nitrógeno amoniacal (NH_3-N) y nitrógeno orgánico unido orgánicamente (N Org) (Stenholm *et al.*, 2009).

1-5   Características de la normatividad de descarga de efluentes tratados

Dada la creciente preocupación con respecto a la conservación del ambiente y de sus recursos naturales, se han fijado normativas estrictas para el control de las descargas donde se especifican los límites permisibles para la descarga de efluentes, a países desarrollados. Tal es el caso de la Directiva 91/271/CEE de la UE (Consejo CE, 1991) que establece las normas para la DQO, DBO, SST, NT y PT que contempla categorías dependiendo de la población, la cuales se han adoptado en distintos países europeos (Tabla 1-9).

Igualmente, es muy importante aclarar que aunque otro tipo de normativas regulen la concentración de N y P en descargas a aguas superficiales y no cuenten con regulaciones en cuanto al volumen total de efluentes descargados; resultara paradójico, ya que será posible cumplir con los niveles de N y P en las descargas, pero eventualmente la concentración de N y P permitirá concentrarse en los cuerpos de agua receptores y rápidamente alcanzar concentraciones eutróficas, destacando que el criterio ambiental relevante es la concentración final en el cuerpo receptor (Veenstra *et al.*, 1997).

Tabla 1-9. Estándares de efluentes para descarga en agua dulce superficial en diversos países europeos (Jacobsen y Warn, 1999)

País	Tipo de tratamiento o comentario	Habitantes en miles	Parámetro DQO mg/L	DBO₅	SST	NT	PT
Unión Europea	Secundario	> 2	125	25	35	–	–
	Terciario	10 – 100	125	25	35	15	2
	Terciario	> 100	125	25	35	10	1
Austria	Secundario	0.05 – 0.5	90	–	–	–	–
	Terciario	0.5 – 5	75	20	–	–	2
	Terciario	5 – 50	75	20	–	–	1
	Terciario	> 50	75	15	–	–	1
	Terciario	> 10	75	15	–	–	0.5
Suiza	Secundario	0.2 – 2	–	20	20	–	
	Terciario	2 – 10	–	20	20	–	0.8
	Terciario	> 10	–	15	15	–	0.8
Francia	–	> 2	125	25	35	–	–
	–	10 – 100	125	25	35	15	2
	–	> 100	125	25	35	10	1
Italia	Lagos < 10 Km de la costa	–	160	40	80	10	0.5
	–	–	160	40	80	–	10
Países Bajos	Terciario	1.8 – 18	125	20	30	15	2
	Terciario	18 – 90	125	20	30	10	2
	Terciario	> 90	125	20	30	10	1
Eslovaquia	–	< 0.05	–	60	50	–	–
	–	0.05 – 0.5	–	50	40	–	–
	–	0.5 – 5	140	40	35	–	–
	–	5 – 25	120	35	30	–	5
	–	25 – 100	100	30	25	–	3
	–	> 100	90	20	20	–	1.5

– No especificado

Bibliografía

- Ayers, R.S., Westcot, D.W. 1985. Water Quality for Agriculture. FAO Irrigation and Drainage Paper No. 29. United Nations Food and Agriculture Organization, Rome.

- Cai, T., Park, S. Y., Li, Y. 2013. Nutrient recovery from wastewater streams by microalgae: Status and prospects. Renewable and Sustainable Energy Reviews. (19), 360-369.

- Carpenter, S.R., Caraco, N.F., Correll, D.L., Howarth, R. W., Sharpley, A.N., Smith, V.H. 1998. Nonpoint pollution of surface waters with phosphorus and nitrogen. Ecological Applications. (8), 559-568.

- Chapra, S.C., Dobson, H.F.H. 1981. Quantification of the lake typologies of Naumann (surface quality) and Thienemann (oxygen) with special reference to the Great lakes. Journal of Great lakes Research. (7), 182-193.

- CNEPA (Environmental Protection Agency of China), 2002. Environmental Quality Standard for Surface Water.GB3838 http://www.cc.ln.gov.cn/lncj./shownews.asp?.

- Consejo de las Comunidades Europeas. 1991. Directiva del Consejo 91/271/CEE, de 21 de mayo de 1991, sobre el tratamiento de las aguas residuales urbanas. DOCE 135/L, de 30-05-91.

- Diaz, R.J. 2001. Overview of hypoxia around the world. Journal of Environmental Quality. (30), 275-281.

- Diaz, R.J., Rosenberg, R. 2008. Spreading dead zones and consequences for marine ecosystems. Science. (321), 926-928.

- Dodds, W. K., Jones, J. R., Welch, E.B. 1998. Suggested classification of stream trophic state: Distributions of temperate stream types by chlorophyll, total nitrogen, and phosphorus. Water Research. (32), 1455-1462.

- Dodds, W.K., Bouska, W.W., Eitzmann, J.L., Pilger, T.J., Pitts, K.L., Riley, A.J. 2009. Eutrophication of U.S. freshwaters: analysis of potential economic damages. Environmental Science and Technology. (43), 12-9.

- Environment Canada. 2004. National Guidelines and Standards Office. Water Policy and Coordination Directorate. Canadian Guidance Framework for the Management of Phosphorus in Freshwater system. Report No. 1-18.

- Forsberg, C., Ryding, S.O. 1980. Eutrophication parameters and trophic state indices in 30 Swedish waste-receiving lakes. Archiv fur Hydrobiologie. (89), 189-207.

- Hautier, Y., Niklaus, P.A. Hector, A. 2009. Competition for light causes plant biodiversity loss after eutrophication. Science. (324), 636-638.

- Heisler, J., Glibert, P.M., Burkholder, J.M., Anderson, D.M., Cochlan, W., Dennison, W.C., Dortchf, Q., Goblerg, C.J., Heilh, C.A., Humphriesi, E., Lewitusj, A., Magnienl, R., Marshallm, H.G., Sellnern, K., Stockwello, D.A., Stoeckerb, D.K., Suddlesonf, M. 2008. Eutrophication and harmful algal blooms: a scientific consensus. Harmful Algae. (8), 3-13.

- Jacobsen, B.N., Warn, T. 1999. Overview and comparison of effluent standards for urban waste water treatment plants in European countries. European Water Management. 2 (6), 25-39.

- Janus, L.L., Vollenweider, R.A. 1981. The OECD Cooperative Programme on Eutrophication: Summary Report - Canadian Contribution. Inland Waters Directorate Scientific Series No. 131, Environment Canada, Burlington, Ontario, Canada.

- Khan, F.A., Ansari, A.A. 2005. Eutrophication: An ecological vision. The Botanical Review. 71 (4), 449-482.

- LAWA., 1998. Beurteilung der Wasserbeschaffenheit von Fließgewässern in der Bundes republik Deutschland – Chemische Gewässergüte klassifikation. Berlin.

- Liu, W., Qiu, R.L. 2007. Water eutrophication in China and the combating strategies. Journal of Chemical Technology and Biotechnology. 82 (9), 781-786.

- Lotze, H.K., Lenihan, H.S., Bourque, B.J., Bradbury, R.H., Cooke, R.G., Kay, M.C., Kidwell, S.M., Kirby, M.X., Peterson, C.H., Jackson, J.B.C. 2006. Depletion, degradation, and recovery potential of estuaries and coastal seas. Science. (312), 1806-1809.

- Mazzeo, N., Clemente J., García-Rodriguez F., Gorga J., Kruk C., Larrea D., Meerhoff M., Quintans F., Rodríguez-Gallego L., y Scasso F. 2002. Eutrofización: Causas, consecuencias y manejo. Perfil Ambiental del Uruguay. Ed. Nordan.

- McCool, D.K., Renard, K.G. 1990. Water erosion and water quality. Advances in Soil Sciences. (13), 175-185.

- MDDEP (Ministère de développement durable, environnementetparcs). 2007. Available on-line at: http://www.mddep.gouv.qc.ca/eau/criteres_eau/index.htm. [Posted: 2002]

- Nixon, S. W. 1995. Coastal marine eutrophication: A definition, social causes, and future concerns. Ophelia. (41), 199-219.

- Novotny, V., Olem, H. 1994. Water quality: prevention, identification and management of diffuse pollution. Van Nostrand Reinhold, New York, New York, USA.

- Nürnberg, G., 2001. Eutrophication and Trophic State. Lakeline; pp 29-33.

- Postel, S.L., Carpenter, S.R. 1997. Freshwater ecosystem services; p 195-214. In: G Daily, Ed, Nature's services. Island Press, Washington, DC, USA.

- Ryding, S.O., Rast, W. 1994. The Control of Eutrophication of Lakes and Reservoirs. Vol. I. UNESCO. p. 281

- Selman, M., Greenhalgh, S., Diaz, R., Sugg, Z. 2008. Eutrophication and hypoxia in coastal areas: A global assessment of the state of knowledge. World Resources Institute Policy Note, No, 1. Washington D.C.; p.6.

- Smith, V.H. 2003. Eutrophication of freshwater and coastal marine ecosystems a global problem. Environmental Science and Pollution Research International. (10), 126-139.

- Smith, V.H., Tilman, G.D., Nekola, J.C. 1999. Eutrophication: impacts of excess nutrient inputs on freshwater, marine, and terrestrial ecosystems. Environmental Pollution. 100 (1-3), 179-196.

- Stenholm, A., Holmström, S., Ragnarsson, A. 2009. Total nitrogen in wastewater analysis: comparison of Devarda's alloy method and high temperature oxidation followed by chemiluminescence detection. Journal of Analytical Chemistry. (64), 1047-1053.

- University of Florida. 1983. Trophic State: A Waterbody's Ability to Support Plants and Fish.

- US EPA. 2000. Nutrient Criteria Technical Guidance Manual, Lakes and Reservoirs. US Environmental Protection Agency, Office of Water, EPA-822-B00-001.

- Veenstra, S., Alaerts, G.J. and Bijlsma, M., 1997. Technology Selection. In: Helmer, R. and Hespanol, I.: Water Pollution Control - A Guide to the Use of Water Quality Management Principles. WHO/UNEP, London, Published on behalf of the United Nations Environment Programme, the Water Supply & Sanitation, Collaborative Council and the World Health Organization by E. & F. Spon.

- WHO. 1989. Health Guidelines for the Use of Wastewater in Agriculture and Aquaculture. WHO Technical Report Series No 517, World Health Organization, Geneva.

- Yang, X., Wu, X., Hao, H., He, Z. 2008. Mechanisms and assessment of water eutrophication. Journal of Zhejiang University Science ABC. 9 (3), 197-209.

CAPÍTULO 2

PERSPECTIVA DEL TRATAMIENTO DE AGUAS Y EL USO DE MICROALGAS

2-1 Etapas y objetivos del tratamiento de aguas residuales

Las sustancias orgánicas e inorgánicas que se liberan en el ambiente como consecuencia de las actividades domésticas, agrícolas e industriales conducen a la contaminación crónica de las cuencas hidrológicas. En el sistema de las PTAR, la remoción de DBO, sólidos suspendidos, nutrientes (N y P), bacterias coliformes y la toxicidad son el objetivo principal de la depuración de las aguas residuales (Abdel-Raouf *et al.*, 2012).

De manera general el proceso de depuración consiste en (CNA, 2007):

1. Tratamientos de tipo fisicoquímico o primarios diseñados para remover sólidos sedimentables y en suspensión

2. Tratamientos de tipo biológico o secundarios encargados de la remoción de sólidos en estado coloidal que no sedimentan en los tratamientos primarios y de la estabilización de la materia orgánica (biodegradación) y nutrientes, en algunos casos

3. Tratamientos terciarios o avanzados diseñados para la remoción de contaminantes específicos que generalmente se encuentran en solución, tales como los metales y nutrientes

La Figura 2-1 indica el esquema del tratamiento de aguas residuales considerando 4 procesos que consisten en los tratamientos: primario, secundario, de lodos y terciario.

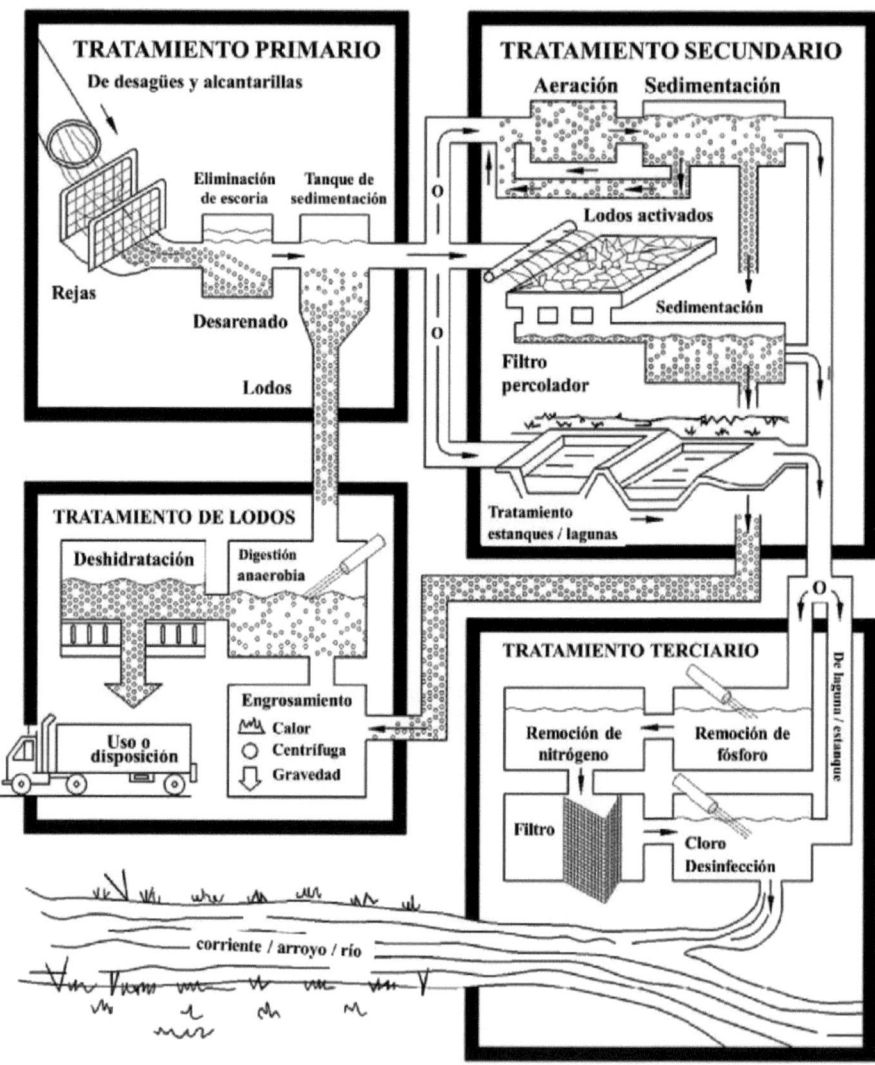

Figura 2-1. Proceso típico de tratamiento de aguas residuales (Shaikh *et al*., 2013)

2-2   Consideraciones de atención en la descarga efluentes secundarios PTAR

Los procesos de tratamiento convencional primario y secundario resultan en un efluente final, relativamente limpio y seguro que se descarga en cuerpos de aguas naturales, sin embargo este efluente secundario se encuentra cargado con nutrientes inorgánicos (N y P) y una variedad de oligoelementos (K, Ca, Mg, Fe, Cu y Mn) con concentraciones suficientes para contribuir con la eutrofización (Abdel-Raouf et al., 2012, Li et al., 2011). Es por esto que en la actualidad el tratamiento de aguas plantea el requisito de eliminar las altas concentraciones de nutrientes con especial atención en N y P en las PTAR´s (Arbib et al., 2014).

El proceso terciario completa la eliminación de NH_4^+, NO_3^- y PO_4^{3-}, sin embargo la implementación tiene un costo económico estimado alrededor de cuatro veces más alto en comparación a el tratamiento primario (De la Noüe et al., 1992). El tratamiento terciario convencional químico se basa generalmente en técnicas tecnológicamente complejas, tales como: post-precipitación, filtración rápida en arena (FRA), filtración lenta en arena (FLA), flotación por aire disuelto (FAD), microfiltración, ultrafiltración, intercambio iónico, ósmosis inversa, oxidación química y adsorción de carbono (Abdel-Raouf et al., 2012., Gray, 1989, Metcalf y Eddy, 1991) resulta de manera regular en una mayor inversión económica para su implementación, además de resultar en una posible contaminación secundaria (Oswald, 1988a).

De esta manera a la fecha se encuentran métodos biológicos, fisicoquímicos, y mecánicos para tratar desechos y efluentes generados del sector agroindustrial y acuícola, con alto contenido de nutrientes en formas orgánicas y/o inorgánicas. (Bernet, 2009). Sin embargo, estas técnicas sólo logran la eliminación de la mayoría de los contaminantes orgánicos, pero con un efecto mínimo sobre la eliminación de los contaminantes inorgánicos (Travieso, 2006). Esto no genera una solución a los altos contenidos de nitratos, amonio e iones fosfato, causantes de la eutrofización del agua y de floración de microalgas (Sawamada *et al.*, 1998). La eliminación de contaminantes inorgánicos suele requiere de costosos métodos fisicoquímicos (Benemann, 1979), especialmente la eliminación de fósforo, que es el contaminante más difícil de eliminar (de-Bashan y Bashan, 2010).

2-3   Nutrientes y su tratamiento en las PTAR municipales

El agua utilizada en la vida cotidiana es desechada por el desagüe, para posteriormente ser recogida en el sistema de alcantarillado domiciliario. El "agua desechada" se designa como agua residual doméstica ó municipal, en la que se diferencian tres tipos: a) "aguas grises" (agua de lavado proveniente de regaderas y cocina), b) "aguas amarillas" (orina) y c) "aguas negras" (orina y heces), presentando distintas composiciones, que en conjunto dan un aporte constante de nutrientes (N y P) significativo (Tabla 2-1).

Tabla 2-1. Características típicas de algunos componentes de aguas residuales domésticas
(Fittschen y Hahn, 1998)

Componentes de aguas residuales	Carga anual (kg/hab/a)	Aguas grises	Aguas negras (orina + heces)	Orina	Heces
		Volumen (L/hab/a)			
		25,000 – 100,000	6,000 – 25,000	500	50
		% de concentración aportada			
Nitrógeno	4 – 5	3	97	87	10
Fósforo	0.75	10	90	50	40
Potasio	1.8	34	66	54	12
DQO	30	41	59	12	47

Asimismo, en la Tabla 2-2 se presentan las concentraciones típicas del agua residual reportadas en la literatura internacional, así como las concentraciones medias de las aguas residuales del Distrito Federal (DF) en el Gran Canal del Desagüe (CNA *et al.*, 1995) y de la ciudad de Guadalajara en el emisor Osorio (CNA *et al.*, 1998). Estos valores pueden ser utilizados como referencia de los intervalos de concentraciones que normalmente se encuentran en las aguas domésticas. Cabe mencionar que los valores de esta tabla para el DF y Guadalajara no están exentos de alguna influencia industrial.

Tabla 2-2. Características de las aguas residuales domésticas

Parámetro	Concentración (mg/L)		
	Literatura[a]	México DF[b]	Guadalajara[c]
SDT	250 – 850	1447	931
SST	100 – 350	252	364
SS	5 – 20	2	3.7
DBO	110 – 400	219	282
COT	80 – 290	–	–
DQO	250 – 1000	576	698
NT	20 – 85	35	52.8
PT	4 – 15	10	19
Grasas y Aceites	50 – 150	58	156
pH (unidades de pH)	–	7.88	7.3
CE (S/cm)	–	2052	1288
Coliformes totales (NMP/100 mL)	$10^6 - 10^9$	8.6 E+07	2.24 E+07 (como fecales)
COV g/L	< 100 – >400	–	–
Huevos de Helminto (H/L)	–	–	58

– No especificado. SS: Sólidos Sedimentables; COT: Carbono orgánico total; COV: Carbono orgánico volátil; CE: Conductividad eléctrica. Adaptada de: [a]Metcalf & Eddy, 1991; [b]CNA, et al., 1995; [c]CNA, et al., 1998

Las eficiencias de remoción de una planta de tratamiento de aguas residuales de 4 etapas: tratamiento primario (con filtro de tambor rotatorio y filtro de disco); tratamiento secundario (en estanques de tratamiento biológico con jacintos de agua); tratamiento terciario (con precipitación con cal y filtración profunda); tratamiento avanzado (por osmosis reversa, separación por aire y adsorción de carbono) para diferentes constituyentes se resumen en la Tabla 2-3.

Tabla 2-3. Remoción de los constituyentes de agua residual en una planta tratadora de agua en San Diego EUA (Asano et al., 2007)

Parámetro	Aguas residual (mg/L)	Efluente				Total
		Primario	Secundario	Terciario	Avanzado	
		% de remoción				
DQO	185	19	74	5	–	98
SST	219	40	55	4	–	> 99
COT	91	21	64	8	7	> 99
SDT	1452	9	10	6	75	97
NH_4^+-N	22	5	52	1	39	96
NO_3^--N	0.1	0	0	0	0	0
PO_4^{3-}	6.1	16	28	54	0	98
Ca	74.4	3	7	0	88	99
Mg	38.5	1	0	82	13	96
Na	198	3	0	0	91	94
Cl	240	3	0	0	90	94
SO_4	312	9	0	0	91	> 99
B	0.35	0	0	13	3	17
Cd	0.0006	17	0	67	0	83
Cu	0.063	0	33	52	0	83
Pb	0.008	0	0	93	0	91
Hg	0.0003	33	33	0	0	67
Ni	0.007	0	33	11	45	89
Zn	0.081	6	64	27	0	97

2-4   Características del uso de microalgas en la eliminación de nutrientes

Las microalgas son organismos fotosintéticos microscópicos que se encuentran tanto en ambientes de agua marina y dulce (Moazami et al., 2011). Estos microorganismos se caracterizan por una excepcional eficiencia fotosintética que resulta de un número de funciones fisiológicas internamente competitivas, tales como: ciclos rápidos de reproducción, bajos requerimientos de nutrientes, y la adaptación a una amplia gama de radiaciones solares (Gordon y Polle, 2007). Expresadas dichas características, se puede teorizar el uso de microalgas para sistemas de tratamiento biológico terciario para ciertas aguas residuales y efluentes con características eutróficas, siempre y cuando se cumplan ciertas condiciones que no limiten el crecimiento de las microalgas (e.g. bajas concentraciones de compuestos ficotóxicos, baja materia orgánica y turbidez (De la Noüe *et al.*, 1992) condiciones que pueden ser cumplidas ya sea directamente o mediante un tratamiento previo del agua a tratar.

El biotratamiento de aguas residuales con microalgas para la eliminación de N y P, fue propuesto en la década de los cincuenta por Oswald y Gotaas (1957). Desde entonces, se han realizado numerosos estudios a escala de laboratorio y piloto de este proceso, demostrado que las microalgas tienen el potencial para eliminar nutrientes especialmente nitrógeno y fósforo en aguas de descargada (Tabla 2-4). De esta manera varias plantas de tratamiento de agua residual con diferentes versiones de estos sistemas se han construido (Shelef *et al.*, 1980; Oswald, 1988a, b; Shi *et al.*, 2007; Zhu *et al.*, 2008). La ventaja primordial de un sistema a base de cultivos de microalgas para la remoción de nutrientes de descargas eutróficas radica en que es un proceso tomado de la naturaleza que provee una perspectiva de aplicación real a gran escala, dada las dimensiones de las operaciones industriales, agrícolas y pecuarias y que se puede manipular de acuerdo a los objetivos del tratamiento, además presenta en teoría costos competitivos y aplicación directa bajo condiciones reales (De la Noüe *et al.*, 1992., Kebede Westhead *et al.*, 2006). El uso de microalgas se ha destacado como tratamiento alterno secundario o tratamiento terciario debido a que ofrece un enfoque rentable por el menor costo de implementación y operación bajo condiciones ambientales (en sistemas fotobiorreactores solares), con alta eficiencia en remoción de compuestos solubles inorgánicos (N y P) causantes de eutrofización (Chen, *et al.*, 2011; Evonne y Tang, 1997). Asimismo el uso de microalgas es un proceso que no produce contaminación secundaria, en contraste a tratamientos terciarios estrictamente fisicoquímicos que pueden conducir a la generación de subproductos nocivos (De la Noüe *et al.*, 1992).

Tabla 2-4. Eliminación de NT y PT por diversos géneros de microalgas y cianobacterias en procesos por lotes axénicos de diferentes flujos de residuos reales y emulados (Cai et al., 2013)

Género y especie	Flujo de residuos	Tipo de proceso	Tiempo de remoción (d)	NT		PT	
				Concentración inicial (mg/L)	Eficiencia de remoción (%)	Concentración inicial (mg/L)	Eficiencia de remoción (%)
Categoría Chlorophyta							
Chlorella sp.	Abono digerido	Lote	21	100 – 240	76 – 83	15 – 30	63 – 75
*: la muestra fue diluida a concentraciones de 10, 15, 20 y 25% con posterior filtración (1.5 μm), no especifican condiciones de tratamiento							
C. kessleri	Emulado	Lote	3	168	8 – 19[b]	10 – 12	8 – 20[c]
*: temperatura regulada (30°C) a 300 rpm, con luz artificial a diferentes fotoperiodos							
C. pyrenoidosa	Agua residual agroindustrial	Lote alimentado	5	267	87 – 89	56	70
*: la muestra se ajustó a pH de 6.5 y se esterilizo en autoclave (121°C/20min), el tratamiento fué realizado en una incubadora con luz artificial 40.5 $\mu mol\ m^{-2}\ s^{-1}$ con un fotoperiodo 14:10 y temperatura de 27 ± 1°C							
C. sorokiniana	Emulado con esterilización	Lote	10	–	–	22	45 – 72
*: temperatura regulada (26 ± 2°C), iluminación constante de 60 $\mu mol\ m^{-2}\ s^{-1}$ y pH de 6.8 a 7.0							
C. vulgaris	Emulado	Lote	1 – 10	13 – 410	23 – 100[a]	5 – 8	46 – 94[c]
*: aireación enriquecida con CO_2, pH de 6.5 a 7.0, iluminación continua a 4100 lux y temperatura de 20 ± 2°C							
C. vulgaris	Agua residual agroindustrial	Lote	5 – 9	3 – 36	30 – 95[a]	112	20 – 55
*: filtración a 0.45μm, esterilización y dilución 1:1 con agua dulce, temperatura de 20 ± 2°C e iluminación continua 60 $\mu mol\ m^{-2}\ s^{-1}$ y aeración con difusión de burbujas							
C. vulgaris	Agua residual municipal	Lote	2 – 10	48 – 1550	55 – 88	4 – 42	12 – 100
*: temperatura 25 ± 1°C, intensidad de luz 135 $\mu E\ m^{-2}\ s^{-1}$ y aeración con burbujeo							
C. reinhardtii	Emulado	Lote	10 – 30	129	42 – 83[a]	120	13 – 14[c]
*: temperatura 25 ± 1 °C, aireación enriquecida con CO_2, iluminación continua 120 $\mu mol\ m^{-2}\ s^{-1}$							
Scenedesmus sp	Emulado	Lote	0.2 – 4.5	14 – 44	30 – 100[a,b]	1.4 – 6.0	30 – 100[c]
*: temperatura 20 ± 2°C intensidad luminosa 6500 ± 300 lux, fotoperiodo 13:11 LO, agitación por burbujeo							
S. dimorphus	Aguas residual industrial	Lote	9	–	–	112	20 – 55
*: filtración a 0.45μm, esterilización y dilución 1:1 con agua dulce, temperatura de 20 ± 2°C, iluminación continua 60 $\mu mol\ m^{-2}\ s^{-1}$ y aeración con difusión de burbujas							
S. obliquus	Agua residual municipal	Lote	0.2 – 8	27	79 – 100[a]	12	47 – 98
*: inoculo algal hiperconcentrado, dilución 1:1 de agua residual con agua de mar estéril, bajo condiciones ambientales							

– No especificado; * Condiciones experimentales en tratamiento previo del residuo y/o condiciones durante tratamiento: [a]NH_3-N, [b]NO_3^-, [c]PO_4^{3-}.

Tabla 2-4. (Continuación)

Género y especie	Flujo de residuos	Tipo de proceso	Tiempo de remoción (d)	NT Concentración inicial (mg/L)	NT Eficiencia de remoción (%)	PT Concentración inicial (mg/L)	PT Eficiencia de remoción (%)
Categoría Cyanobacteria							
Arthrospira sp.	Efluentes anaerobios porcinos	Semi –continuo	–	–	84 – 96[a]	–	72 – 87[c]
*: se evaluó una solución diluida con 2% (v/v) del efluente residual, con ajuste de pH inicial (8.8) y durante el tratamiento se controló el a pH de 9.5, bajo condiciones ambientales							
A. platensis	Agua residual agroindustrial	Lote	15	2 – 3	96 – 100[a]	18 – 21	87 – 99[c]
*: condiciones controladas mantenimiento de pH 8, distintas suplementaciones de nutrientes							
Oscillatoria sp.	Agua residual municipal	Continuo	14	498	100	76	100
*: dilución 1:1 con agua marina estéril, bajo condiciones ambientales							
Categoría Diatomea							
P. tricornutum	Agua residual municipal	Continuo	14	498 – 835	80 – 100	76 – 116	50 – 100
*: dilución 1:1 con agua marina estéril, bajo condiciones controladas							
Categoría Haptophyta							
I. galbana	Emulado con esterilización	Lote	8	377	99	–	–
*: temperatura 20 ± 1°C, bajo distintas intensidades de iluminación continua, aireación de 4.5 L/min y salinidad ajustada 33‰							

– No especificado; * Condiciones experimentales en tratamiento previo del residuo y/o condiciones durante tratamiento: [a] NH_3-N, [b] NO_3^-, [c] PO_4^{3-}; ‰ La décima parte de un porcentaje. – No especificado

2-5   Asimilación y eliminación de nutrientes por el efecto de las microalgas

La aplicación más común del tratamiento de agua residual con uso de microalgas tiene por objeto la recuperación de nutrientes (Carlsson *et al*., 2007), que es básicamente un efecto de su asimilación por las microalgas durante su crecimiento. No obstante, se debe considerar que durante la remoción de nitrógeno y fósforo no solamente regulada por la absorción de las células, sino también es complementada por las condiciones externas, tales como la temperatura y pH siendo este último con una alta influencia en las formas de nitrógeno: NH_4^+/NH_3 donde concentraciones inferiores de 9.25 de pH favorecen la formación de NH_4^+ y valores superiores a 9.25 de pH, ocasiona que el NH_3 (gas) predomine sobre el NH_4^+ (Figura 2-2) (Abeliovich y Azov, 1976, Giorgios y Georgakakis, 2011).

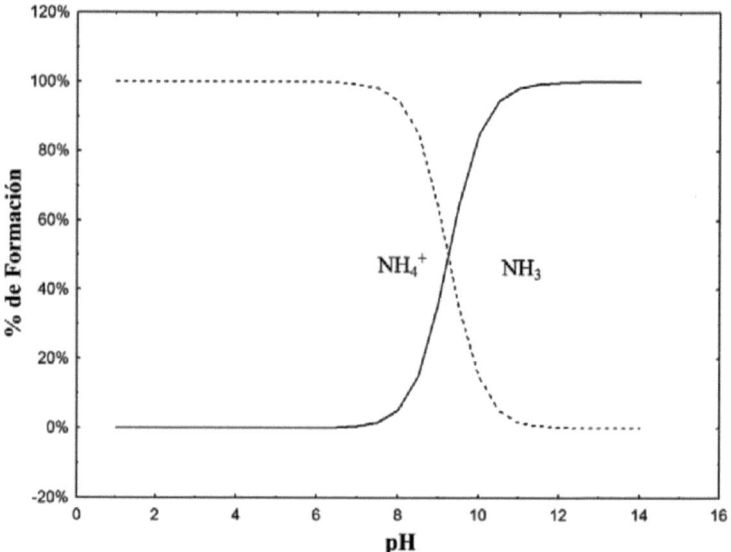

Figura 2-2. Formación de especies de amonio/amoniaco en función del pH (Giorgios y Georgakakis, 2011)

El efecto de pH también guarda relación en la eliminación de fósforo por medio de precipitación química, que es ocasionada por un mantenimiento de concentraciones elevadas entre 9 y 11 de pH (Figura 2-3), que resultan en la formación de ortofosfato de calcio $Ca_3(PO_4)_2$ (Cai, 2013; Laliberte *et al.*, 1997), además de este efecto de remoción fósforo se suma la adsorción superficial en pared celular de las microalgas (Martínez, 2000).

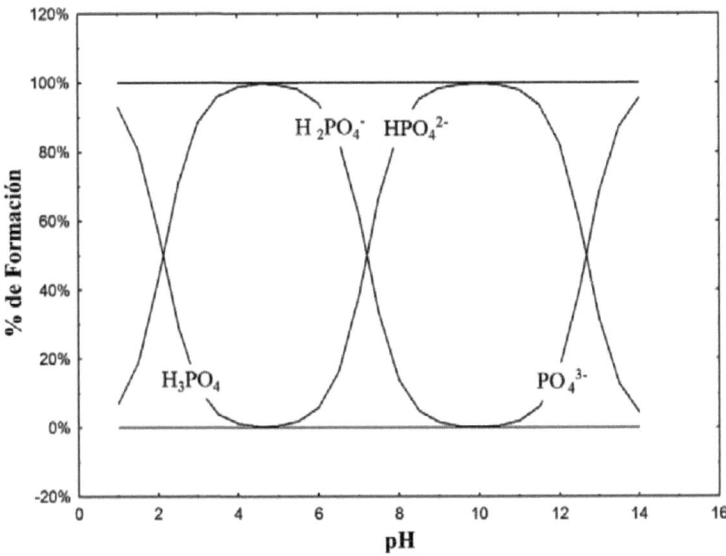

Figura 2-3. Formación de especies de fosfato en función del pH (Giorgios y Georgakakis, 2011)

2-6 Actividad fotosintética por microalgas y su efecto en el pH durante el tratamiento de aguas

Las microalgas tienen la capacidad de incrementar el pH debido a la acumulación de OH^-, el cual se relaciona de manera directa con la fotosíntesis, donde a valores más altos de pH indican la mayor actividad fotosintética (Andrade y Costa, 2007, de Morais *et al.*, 2007). Como se observa en la Figura 2-4 en valores de pH hasta aprox.

10.5 las especies de bicarbonato dominan, mientras que en valores más altos de pH, las especies de carbonato (CO_3^{2-}) dominan. En condiciones de pH alto las microalgas calcifican, y promueven la formación de carbonato de calcio ($CaCO_3$) que precipita. Este proceso de calcificación seria: $Ca_2^+ + HCO_3^- \rightarrow CaCO_3 + H^+$, del cual se generan protones que se utilizaran en la fotosíntesis para su uso en la asimilación del carbono y nutrientes (Connaughey y Whelan, 1997).

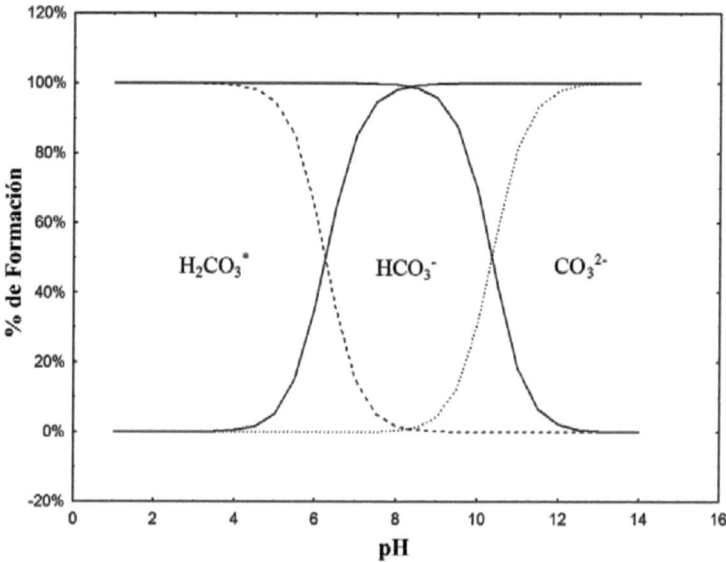

Figura 2-4. Formación de especies de carbono inorgánico en función del pH (H_2CO_3*, se refiere a (CO_2 (aq) + H_2CO_3)) (Giorgios y Georgakakis, 2011)

Sin embargo se ha observado que el crecimiento de microalgas en sistemas de lagunaje de alta carga (LAC) favorece el incremento de pH en el agua debido al consumo de CO_2 y HCO_3^-, con lo que con frecuencia se han reportado valores que exceden de pH 11 (Craggs, 2005; Heubeck et al., 2007; Park y Craggs, 2010). Empero, esta característica se puede presentar como una característica ventajosa a razón de que una concentración de pH mayor a 9.2 inhibe el crecimiento al 100% de *E. coli*, bacterias patógenas en un tiempo de exposición de 24 horas (Rose et al.,

2002). De igual manera, Parhad y Rao (1962) encontraron que *E. coli* no crece en las aguas residuales con un pH superior a 9.2. Al aumentar el pH por efecto fotosintético se presenta la desventaja de rebasar el Límite Máximo Permisible (LMP), no obstante una de las acciones a realizar previo a descargar es la de realizar un enriquecimiento con efluentes tratados para homogeneizar los valores de pH previos a su descarga definitiva (Cortes *et al.*, 2013).

2-7 Consumo metabólico de C, N y P en el tratamiento de aguas con microalgas

Considerando el requerimientos de nutrientes para el desarrollo de las microalgas, el carbono es el elemento más importante constituyendo comúnmente un 50% de la biomasa de microalgas (Lee y Lee, 2001). La mayoría de las fuentes de carbono existentes en sistemas acuáticos se encuentran en formas oxidadas (inorgánicas), combinadas con el oxígeno molecular, como el dióxido de carbono (CO_2), bicarbonato (HCO_3^-) o carbonato (CO_3^{2-}), siendo estas fuentes utilizadas para la síntesis de moléculas orgánicas a través de la reducción química de la fotosíntesis (Falkowski y Raven, 2007). Aunque algunas especies de microalgas crecen utilizando compuestos orgánicos como fuentes de energía y/o fuentes de carbono (Vonshak, 1990; Rippka, 1972), las microalgas en general son organismos fotoautótrofos (Goldman, 1979), caracterizados por utilizar como única fuente de energía la luz solar y utilizar exclusivamente los compuestos inorgánicos como única fuente de carbono (Chojnacka *et al.*, 2004).

El nitrógeno en las aguas residuales de una PTAR se deriva principalmente de interconversiones metabólicas. Asimismo el 50% o más de fósforo surge de detergentes sintéticos. Las principales formas químicas en que se encuentran estos nutrientes en los efluentes son: NH_4^+, NO_2^-, NO_3^- y PO_4^{3-}, coincidentemente causantes de eutrofización (Horan, 1990).

El N se presenta con un alto consumo debido a que es el segundo nutriente de mayor importancia a seguir después del carbono para el desarrollo de las microalgas (Becker, 1994). Sin embargo, se debe de considerar que las principales formas de nitrógeno inorgánico presentes en efluentes secundarios PTAR son NH_4^+, NO_2^-, NO_3^- y que su suma conforman el Nitrógeno Inorgánico Disuelto (NID) (Horan, 1990) la cual ambientalmente es la más relevante y causante de la eutrofización, debido a que incrementa la productividad primaria (crecimiento de organismos fotosintéticos) y conformado por las especies de N más altamente asimilable por las microalgas (Chen, et al., 2011 Evonne y Tang, 1997).

La asimilación de las formas de nitrógeno inorgánico por microalgas mantiene distintas tendencias y decrementos, a causa de que desarrollaron conversiones de nitrógeno inorgánico (NO_2^-, NO_3^-, NH_4^+, NH_3, N_2) a su forma orgánica a través del proceso de asimilación, tal como se ha reportado para todas las algas eucarióticas (Cai et al., 2013). Tal es el caso que se reporta en un estudio realizado con Chlorella sp. en un efluente PTAR, donde el crecimiento de las microalgas incrementó la concentración de NO_2^- acompañado de la disminución de NO_3^- (Wang et al., 2010). Esto puede ser explicado debido a que la asimilación en organismos fotosintéticos implica dos transportes y dos etapas de reducción para producir NH_4^+ en el cloroplasto (Fischer y Klein, 1988; Crawford, 1995). Por lo tanto, se encuentra una generación de NO_2^- en el proceso en que el NO_3^- es reducido a NH_4^+ y posiblemente parte del NO_2^- producido es excretado dentro del medio acuoso (Burhenne y Tischner 2000).

Por otra parte el NH_4^+ se ha indicado que es la especie de N preferentemente asimilada por las microalgas debido a no requerir una reacción redox, sin embargo el NO_3^- se presenta como la forma más oxidada y con mayor estabilidad termodinámica en sistemas acuosos oxigenados, siendo por lo tanto la de mayor predominancia (Barsanti y Gualtieri, 2006). No obstante, el NO_3^- es también una fuente de nitrógeno esencial para las microalgas, debido a que en presencia de NO_3^- se induce la actividad de la enzima nitrato reductasa, mostrando así un consumo de ambas especies de N. Por otra parte en medios nutritivos el NO_3^- mantiene una ventaja al NH_4^+ debido a que esta especie en exceso (> 20 mg/L) puede tener un efecto represivo en el desarrollo de las microalgas (Morris y Syrett, 1963).

El consumo metabólico del N y P por las microalgas está estrechamente relacionado, por ejemplo, la abundancia del fósforo es de poca utilidad para el crecimiento de las microalgas si no hay nitrógeno y viceversa (Garbisu *et al.*, 1993). El P al igual que el N es el segundo macronutriente esencial para el desarrollo de las microalgas, aunque sus requerimientos son en menores cantidades; por ejemplo, se sabe que las microalgas no requieren de grandes cantidades de P, de hecho su composición es de menos de 1% de la misma, sin embargo, su real relevancia estriba en que es un nutriente muy importante como factor limitante de crecimiento (Grobbelaar, 2004; McKinney, 2004). La forma química de P preferentemente utilizado por las microalgas es la del ortofosfato (PO_4^{3-}); en los sistemas acuáticos se dispone de una forma pentavalente en una mezcla disociada y particulada, donde además el P orgánico se vuelve disponible al hidrolizarse por enzimas extracelulares (Corell, 1998).

2-8   Eliminación de minerales (micronutrientes) en el tratamiento de aguas con microalgas

Las microalgas en su uso aplicado para el tratamiento terciario, además de consumir los elementos básicos (C, N y P), se reportan como bioacumuladores eficientes de componentes ionicos (micronutrientes) tales como: Na, K, Mg, Ca, Mo, Fe, Ni, Cu, Zn, Co, B, Mn, Cl y otros elementos traza (Cai *et al.*, 2013; Giorgios y Georgakakis, 2011) produciendo así un pulimento útil en la calidad de descarga. De igual forma esta característica se ha indicado que mantiene una mayor eficiencia en la remoción de metales en comparación a bacterias y hongos, debido a que poseen mecanismos de adsorción relacionados con su gran superficie y alta afinidad de unión. Asimismo, las microalgas presentan diversas eficiencias dada su amplia gama de tamaños, formas y composición de la pared celular, siendo esta ultima la característica principal en la unión de metales, sin embargo su absorción e interacción metabólica no se comprenden en totalidad (Cai *et al.*, 2013; Wang *et al.*, 2010). No obstante, se han postulado dos posibles mecanismos en la eliminación de iones metálicos: 1) Asimilación para su uso en la síntesis de vitaminas, enzimas y proteínas. Uso en las coenzimas o activación de enzimas en las células; unión a polisacáridos extracelulares e intracelulares u productos bioquímicos que se ligan a los iones metálicos para su absorción celular (Zeng, *et al.*, 2015).

2-9   Factores críticos que influyen el cultivo de microalgas y la eliminación de nutrientes

La absorción de nutrientes y la consecuente productividad de las microalgas en el tratamiento biológico de agua residual son afectadas fuertemente por la disponibilidad de nutrientes y las complejas interacciones entre los factores físicos tales como el pH (Azov y Shelef, 1987), intensidad de luz, temperatura (Talbot y De la Noüe, 1993) y factores bióticos. El primer factor biótico con influencia significativa en el crecimiento de algas es la densidad inicial (inóculo), que posee una correlación positiva directa con la eficiencia de eliminación de nutrientes y productividad (Lau *et al.*, 1995). Por el contrario, la alta densidad de algas lleva al autosombreado, acumulación de autoinhibidores y una reducción en la eficiencia fotosintética (Fogg, 1975; Darley, 1982).

El éxito del tratamiento de depuración con microalgas depende principalmente de una fuerte investigación en los sistemas de crecimiento; por ejemplo, mediante el desarrollo e innovación en nuevos fotobiorreactores que optimicen el cultivo y faciliten la separación de la biomasa (López-Chuken y Parra, 2012), siendo el último proceso unitario el más crítico desde el punto de vista de costos. Así como el uso de factores operacionales escalables de bajo costo (*e.g.* aireación y agitación) que puedan influir altamente la tasa de conversión de contaminantes (nutrientes eutróficos) en biomasa (Eriksen, 2008). Además es importante la comprensión de los factores (físicos, químicos y biológicos) que afectan la tasa del crecimiento bajo condiciones ambientales naturales, como aquellos descritos en la Tabla 2-5.

Tabla 2-5. Factores que influyen el cultivo de microalgas en exteriores (Becker, 1988)

Factores	Parámetros
• Abióticos • Físicos • Químicos	Luz (cantidad y calidad) Temperatura Concentración de nutrientes O_2, CO_2 pH Salinidad Tóxicos químicos
• Bióticos	Patógenos (bacterias, hongos, virus) Predación por zooplancton Competencia entre especies
• Operacionales	Mezclado Tasa de dilución Profundidad Adición de bicarbonato Frecuencia de cosecha

El primer factor biótico en influir significativamente el crecimiento de algas es la densidad celular inicial, donde a mayor densidad de microalgas se espera mejor crecimiento y consecuentemente mayor eficiencia en la eliminación de nutrientes (Lau *et al.*, 1995). De igual modo la duración de la fase *lag* (periodo de adaptación celular al crecimiento) será variable y en general es mayor cuanto más grande sea el cambio en la adaptación fisiológica del metabolismo celular para el crecimiento (FAO, 1996; Monod, 1949). Igualmente, se deberá considerar que una alta densidad de microalgas daría lugar a un auto-sombreado, acumulación de auto-inhibidores e igualmente una reducción en la eficiencia fotosintética (Fogg, 1975; Darley, 1982).

2-10 Factores ambientales durante el cultivo y tratamiento de aguas con microalgas

Es bien sabido que un número de factores ambientales afecta la tasa de absorción de nutrientes por microalgas, estos incluyen: la concentración inicial de nutrientes, intensidad de la luz, pH extracelular, temperatura, y densidad de inoculación (Cai *et al.*, 2013). En términos ambientales los factores limitantes más importantes en sistemas cerrados o abiertos al aire libre son: la intensidad de la luz y la temperatura, siendo esta última la de más importancia durante la temporada invernal (Vonshak, 2003). De manera general la desincronización de temperatura con las horas de luz (irradiación) reducen la eficiencia fotosintética y generan estrés no deseado, tal como lo demuestra un estudio realizado a intemperie en un sistema abierto utilizando *Spirulina* sp., donde las temperaturas más bajas surgían en la madrugada e inducían foto inhibición y aletargamiento en las funciones metabólicas (Vonshak *et al.*, 1982).

Aunque los efectos de la temperatura e irradiación de una gran cantidad de especies de microalgas a nivel de laboratorio están bien documentados, la magnitud de los efectos por cambios de temperatura, cantidad y calidad de luz solar en la producción de biomasa o tratamientos a intemperie han sido muy poco reportados. No obstante existen algunos estudios que indican que una gran cantidad de especies de microalgas pueden tolerar con facilidad temperaturas de hasta 15°C menores a la óptima con consecuente retraso en su crecimiento y que a temperaturas superiores a 35°C pueden resultar en mortandad celular (FAO,1996; Mata *et al.*, 2010); sin embargo, esto último no se puede generalizar debido a que el efecto de la temperatura dependerá al tiempo de exposición, además de las distintas capacidades de adaptación entre especies, en ejemplos se han reportado que cepas de *Chlorella sp.* han indicado tolerancia y crecimiento a temperaturas superiores a 42°C (Sakai *et al.*, 1995).

Bibliografía

- Abdel-Raouf, N., Al-Homaidan, A.A., Ibraheem, I.B.M. 2012. Microalgae and wastewater treatment. Saudi Journal of Biological Sciences. (19), 257-275. http://dx.doi.org/10.1016/j.sjbs.2012.04.005.

- Abeliovich, A., Azov, Y. 1976. Toxicity of ammonia to algae in sewage oxidation ponds. Applied and Environmental Microbiology. (31), 801-806.

- Andrade, M.R., Costa, J.A.V. 2007. Mixotrophic cultivation of microalga *Spirulina platensis* using molasses as organic substrate. Aquaculture. (264), 130-4.

- Arbib, Z., Ruiz, J., Álvarez Díaz, P., Garrido Pérez, C., Perales, J.A. 2014. Capability of different microalgae species for phytoremediation processes: Wastewater tertiary treatment, CO_2 bio-fixation and low cost biofuels production. Water Research. (49), 465-474.

- Asano, T., Burton, F.L., Leverenz, H.L., Tsuchihashi, R., Tchobanoglous, G. 2007. Water reuse: issues, technologies, and applications In: Metcalf & Eddy and AECOM, New York, McGraw Hill.

- Azov, Y., Shelef, G. 1987. The effect of pH on the performance of the high-rate oxidation ponds. Water Science and Technology. 19 (12), 381-383.

- Barsanti, L., Gualtieri, P. 2006. Algae: anatomy, biochemistry, and biotechnology. Boca Raton: CRC Press.

- Becker, E.W. 1988. Micro-algae for human and animal consumption, in Micro-algal biotechnology, M.A. Borowitzka and L.J. Borowitzka, Editors. Cambridge University press: Cambridge. p. 222–256.

- Becker, E.W. 1994. Microalgae, Biotechnology and Microbiology. Cambridge: Cambridge University Press.

- Benemann J.R. 1979. Production of nitrogen fertilizer with nitrogen-fixing bluegreen algae. Enzyme and Microbial Technology. (1), 83-90.

- Bernet, N., Beline, F. 2009. Challenges and innovations on biological treatment of livestock effluents. Bioresource Technology. (100), 5431-5436.

- Burhenne, N., Tischner, R. 2000. Isolation and characterization of nitrite-reductase-deficient mutants of *Chlorella sorokiniana* (strain 211-8k). Planta. (211), 440-445.

- Cai, T., Park, S. Y., Li, Y. 2013. Nutrient recovery from wastewater streams by microalgae: Status and prospects. Renewable and Sustainable Energy Reviews. (19), 360-369.

- Carlsson, A.S., Clayton, D., Moeller, R., Van-Beilen, J.B. 2007. Micro- and macroalgae: Utility for industrial applications. EPOBIO project: Newbury, UK.

- Chen, C.Y., Yeh, K.L., Aisyah, R., Lee, D.J., and Chang, J.S. 2011. Cultivation, photobioreactor design and harvesting of microalgae for biodiesel production: a critical review. Bioresource Technology. (102), 71-81.

- Chojnacka, K., Marquez Rocha, F.J. 2004. Kinetic and Stoichiometric relationships of the energy and carbon metabolism in the culture of microalgae. Biotechnology Advances. (3), 21-34.

- CNA Comisión Nacional del Agua (2007) Manual de Agua Potable, Alcantarillado y Saneamiento. ISBN: 978-968-817-880-5

- CNA Comisión Nacional del Agua, Gobierno de la Ciudad de México, Gobierno del Estado de Hidalgo, Gobierno del Estado de México (1995) Estudio de Factibilidad del Saneamiento del Valle de México. Reporte Interno.

- CNA Comisión Nacional del Agua, Gobierno del Estado de Jalisco, SIAPA (1998) Resumen Técnico de los Estudios para el Abastecimiento del Agua Potable y del Saneamiento del Agua Residual de la Zona Metropolitana de Guadalajara, Jal. Reporte Interno.

- Corell, D.L. 1998. The role of phosphorus in the eutrophication of receiving waters: a review. Journal of Environmental Quality. (27), 261-6.

- Cortes Martínez, F., Sánchez Cohen, I., Betancourt Hernández, J., Ávila Garza, C.M. 2013. Cálculo de pago de derechos para descarga de agua residual con variaciones de pH. Revista Mexicana de Ciencias Agrícolas, vol. 4, núm. 2, febrero-marzo, 2013, pp. 299-305

- Craggs, R.J. 2005. Advanced integrated wastewater ponds. In: Shilton, A. (Ed.), Pond Treatment Technology, IWA Scientific and Technical Report Series, IWA, London, UK, pp. 282-310.

- Crawford, N.M. 1995. Nitrate: Nutrient and signal for plant growth. Plant Cell. (7), 859-868.

- Darley, W.M. 1982. Algal Biology; A physiological Approach. Basic Microbiology, vol. 9. Blackwell Scientific Publications, Oxford.

- De la Noüe, J., Laliberte, G., Proulx, D. 1992. Algae and waste water. Journal of Applied Phycology. (4), 247-254.

- De Morais, M.G., Costa, J.A.V., 2007. Biofixation of carbon dioxide by *Spirulina* sp. And *Scenedesmus obliquus* cultivated in a three-stage serial tubular photobioreactor. Journal of Biotechnology. (129), 439-45.

- De-Bashan L.E., Bashan Y., 2010. Immobilized microalgae for removing pollutants: review of practical aspects. Bioresource Technology. (101), 1611-1627.

- Eriksen, N.T., 2008. Jet Powered Engines. Biotech The technology of microalgal culturing. Biotechnology Letters.30 (9), pp.1525-1536.

- Evonne, P.Y., Tang, 1997. Polar cyanobacteria versus green algae for tertiary wastewater treatment in cool climates. Journal of Applied Phycology.(9), 371-381.

- Falkowski, P.G., Raven, J.A. 2007. Aquatic Photosynthesis. second ed. Princeton, NJ.: Princeton University Press, ISBN 978-0691115511.

- Fischer, P., Klein, U. 1988. Localization of nitrogen-assimilating enzymes in the chloroplast of *Chlamydomonas reinhardtii*. Plant Physiology. (88), 947-952.

- Fittschen, I., Hahn, H.H. 1998. Characterization of the municipal wastewater part human urine and a preliminary comparison with liquid cattle excretion. Water Science and Technology. 38 (6), 9-16.

- Fogg, G.E. 1975. Algal Cultures and Phytoplankton Ecology, second ed. The university of Wisconsin Press, Wisconsin, 175.

- Food and Agriculture Organization of the United Nations, 1996. Manual on the production and use of live food for agriculture. FAO Fisheries technical paper 361. ISSN 0429-9345.

• Garbisu, C., Hall, D.O., Serra, J.L. 1993. Removal of phosphate from water by foam-immobilized *Phormidium laminosum* in bach and continuous-flow bioreactors. Journal of Chemical Technology and Biotechnology. (57), 181-189.

• Giorgos, M., Dimitris, G. 2011. Cultivation of filamentous cyanobacteria (blue-green algae) in agro-industrial wastes and wastewaters: A review. Applied Energy. (88), 3389-3401.

• Goldman, J.C. 1979. Outdoor algal mass cultures – I. Applications. Water Research. (13), 1-19.

• Gordon, J.M., Polle, J.E.W. 2007. Ultrahigh bioproductivity from algae. Applied Microbiology and Biotechnology. (76), 969-975.

• Gray, N.F. 1989. Biology of Wastewater Treatment. Oxford Univ. Press, Oxford.

• Grobbelaar, J.U. 2004. Algal nutrition: mineral nutrition. In: Richmond A, editor. Handbook of microalgal culture: Biotechnology and Applied Phycology. Oxford: Blackwell Publishing Ltd.; p. 97-115.

• Heubeck, S., Craggs, R.J., Shilton, A. 2007. Influence of CO_2 scrubbing from biogas on the treatment performance of a high rate algal pond. Water Science and Technology. 55, 193.

• Horan, N.J. 1990. Biological Wastewater Treatment Systems. Theory and operation. John Wiley and Sons Ltd. Baffins Lane, Chickester. West Sussex PO 191 UD, England.

• Kebede-Westhead, E., Pizarro, C., Mulbry, W. 2006. Treatment of swine manure effluent using freshwater algae: production, nutrient recovery and elemental composition of algal biomass at four effluent loading rates. Journal of Applied Phycology. 18 (1), 41-46.

• Laliberte, G., Lessard, P., Delanoue, J., Sylvestre, S. 1997. Effect of phosphorus addition on nutrient removal from wastewater with the cyanobacterium *Phormidium bohneri*. Bioresource Technology. (59), 227-33.

• Lau, P.S., Tam, N.F.Y., Wang, Y.S. 1995. Effect of algal density on nutrient removal from primary settled wastewater. Environ Pollution. (89), 56-66.

• Lee, K., Lee, C.G. 2001. Effect of light/dark cycles on wastewater treatments by microalgae. Biotechnology and Bioprocess Engineering. 6 (3), 194-199.

• Li, Y., Chen, Y.F., Chen, P., Min, M., Zhou, W., Martinez, B., Zhu, J., Ruan, R. 2011.Characterization of a microalgae *Chlorella sp.* well adapted to highly concentrated municipal wastewater in nutrient removal and biodiesel production. Bioresource Technology. (102), 5138-5144.

• López Chuken U.J., Parra Saldivar R. 2012. Bioreactor de bajo esfuerzo de corte para el cultivo de microorganismos sensibles al estrés mecánico. Patente en trámite.

• Martínez, M.E., Sánchez, S. 2000. Nitrogen and phosphorus removal from urban wastewater by the microalga *Scenedesmus obliquus*. Bioresource Technology. (73), 263-272.

• Mata, T.M., Martins, A.A., Caetano, N.S. 2010. Microalgae for biodiesel production and other applications. Renewable Sustainable Energy Reviews. 14 (1), 217-232.

• Mc Connaughey TA, Whelan JF. Calcification generates protons for nutrient and bicarbonate uptake. Earth Sci Rev 1997. (42), 95-117.

- McKinney, R. 2004. Environmental pollution control microbiology: a fifty year perspective. New York: CRC Press

- Metcalf and Eddy. 1991. Wastewater Engineering. Treatment, Disposal, Reuse. 3rd Ed. McGraw-Hill. 1333 pp.

- Moazami, N., Ranjbar, R., Ashori, A., Tangestani, M., Sheykhi Nejad, A. 2011. Biomass and lipid productivities of marine microalgae isolated from the Persian Gulf and the Qeshm Island. Biomass Bioenergy. 35 5:1935e9.

- Monod, J. 1949. The growth of bacterial cultures. Annual Review of Microbiology. (3), 371-394.

- Morris, I, Syrett, P.J. 1963. The development of nitrate reductase in *Chlorella* and its repression by ammonium. Archives of Microbiology. (47), 32-41.

- Oswald, W.J. 1988 (a). Large-scale algal culture systems (engineering aspects). In: Borowitzka, M.A., Borowitzka, L.J. (Eds), Microalgal Biotechnology, Cambridge University Press; pp. 357–394.

- Oswald, W.J. 1988 (b). Micro-algae and wastewater treatment. In: Borowitzka, M.A., Borowitzka, L.J. (Eds.), Micro-algal Biotechnology, Cambridge University Press; pp. 305–328.

- Oswald, W.J., Gotaas, H.B. 1957. Photosynthesis in sewage treatment. Transactions of American Society of Civil Engineers. 122, 73.

- Parhad, N.M., Rao, N.U., 1962. Effect of pH on Survival of *Escherichia coli*. Journal of the Water Pollution Control Federation. (34), 149-161.

- Park, J.B.K., Craggs, R.J. 2010. Wastewater treatment and algal production in high rate algal ponds with carbon dioxide addition. Water Science and Technology. (61), 633-639.

- Rippka, R., 1972. Photoheterotrophy and chemoheterotrophy among unicellular blue-green algae. Archives of Microbiology. (87), 93-8.

- Rose, P.D., Hart, O.O., Shipin, O., Ellis, P.J. 2002. Integrated algal Ponding Systems and the Treatment of Domestic and Industrial Wastewater. Part 1: The AIWPS Model. Vol. 3 WRC Report No: TT 190/02.

- Sakai, N., Sakamoto, Y., Kishimoto, N., Chihara, M., Karube, I., 1995. *Chlorella* strains from hot springs tolerant to high temperature and high CO_2. Energy Conversion and Management. 36 (6–9), 693-6.

- Sawayama, S., Hanada, S., Kamagata, Y. 2000. Isolation and characterization of phototrophic bacteria growing in lighted up flow anaerobic sludge blanket reactor. Journal of Bioscience and Bioengineering. 89 (4), 396-399.

- Shaikh, A., Razzak, Mohammad, M., Hossain, Rahima A. Lucky, Amarjeet S. Bassi., Hugo de Lasa. 2013. Integrated CO_2 capture, wastewater treatment and biofuel production by microalgae culturing—A review. Renewable and Sustainable Energy Reviews. (27), 622-653

- Shelef, G., Soeder, C.J., 1980. Algal Biomass: production and use. Elsevier/North Holland Biomedical Press, Amsterdam, p 852.

- Shi, J., Podola, B., Melkonian, M. 2007. Removal of nitrogen and phosphorus from wastewater using microalgae immobilized on twin layers: an experimental study. Journal of Applied Phycology. 19 (5), 417-423.

- Talbot, P., De la Noüe, J. 1993. Tertiary treatment of wastewater with *Phormidium bohneri* (Schmidle) under various light and temperature conditions. Water Research. 27 (1), 153-159.

- Travieso, L., Benítez, F., Sánchez, E., Borja, R., Martin, A., Colmenarejo, M.F. 2006. Batch mixed culture of *Chlorella vulgaris* using settled and diluted piggery waste. Ecological Engineering. (28), 158-65.

- Vonshak, A. 1990. Recent advances in microalgal biotechnology. Biotechnology Advances. (8), 709-27.

- Vonshak, A. 2003. Outdoor mass production of *Spirulina*: the basic concept. In: Vonshak A, editor. *Spirulina platensis (Arthrospira)*: physiology, cell-biology and biotechnology. London: Taylor & Francis; p. 79-99.

- Vonshak, A., Abeliovich, A., Boussiba, S. 1982. Production of *Spirulina* biomass: effects of environmental factors and population density. Biomass. (2), 175-185.

- Wang, L., Min, M., Li, Y., Chen, Y., Liu, Y., Wang, Y., Ruan, R., 2010. Cultivation of green algae *Chlorella* sp. in different wastewaters from municipal wastewater treatment plant. Applied Biochemistry and Biotechnology. (162), 1174-1186.

- Zeng, Xianhai., Guo, X., Su, G., Danquah, M.K., Zhang, S., Lu, Y., Sun, Y., Lin, Lu. 2015. Bioprocess considerations for microalgal-based wastewater treatment and biomass production. Renewable and Sustainable Energy Reviews. (42), 1385-1392.

- Zhu, G., Peng, Y., Li, B., Guo, J., Yang, Q., Wang, S. 2008. Biological removal of nitrogen from wastewater. Reviews of Environmental Contamination Toxicology. (192), 159-195.

CAPÍTULO 3

APROVECHAMIENTO Y APLICACIONES DE LA BIOMASA DE MICROALGAS

3-1 Panorama de generación de productos de interés a partir de microalgas

La biomasa celular de las microalgas se ha reconocido como uno de los recursos biológicos de mayor importancia, a razón de que una gran cantidad de especies de microalgas presenta un alto valor nutricional, además de ser precursora potencial de una amplia variedad de bio-productos de alto valor económico, tales como: pigmentos, lípidos, compuestos bioactivos, algunos polisacáridos, biohidrógeno e incluso biopoliésteres con propiedades similares al plástico. Igualmente las microalgas en su composición contienen tres grupos de pigmentos (clorofilas, carotenoides y ficobilinas) esenciales para la captación de la luz y fijación del CO_2. Estos pigmentos presentan cualidades para tener un éxito de comercialización en su uso como "alimentos funcionales", cosméticos, acuicultura, productos farmacéuticos o tecnología de los alimentos. Otra característica de relevancia es el alto contenido de ácidos grasos poliinsaturados esenciales para el metabolismo humano, que sugieren su uso y comercialización, para la obtención de alimentos sanos así como su extracción y concentración de compuestos de alto valor económico en el campo farmacéutico y terapéutico, que igualmente mantienen una superioridad de rentabilidad económica en comparación a la obtención de biocombustibles. Finalmente, la biomasa posterior a la recuperación de productos se puede utilizar como forraje, materia prima de biogas o biofertilizante (Batista *et al*., 2013., Chu, 2012., Koller *et al*., 2014, Mata *et al*., 2011., Pulz y Gross, 2004., Reyna *et al*., 2014).

La Figura 3-1 presenta una visión esquemática de productos potenciales de microalgas, así como la aplicación final de estos productos.

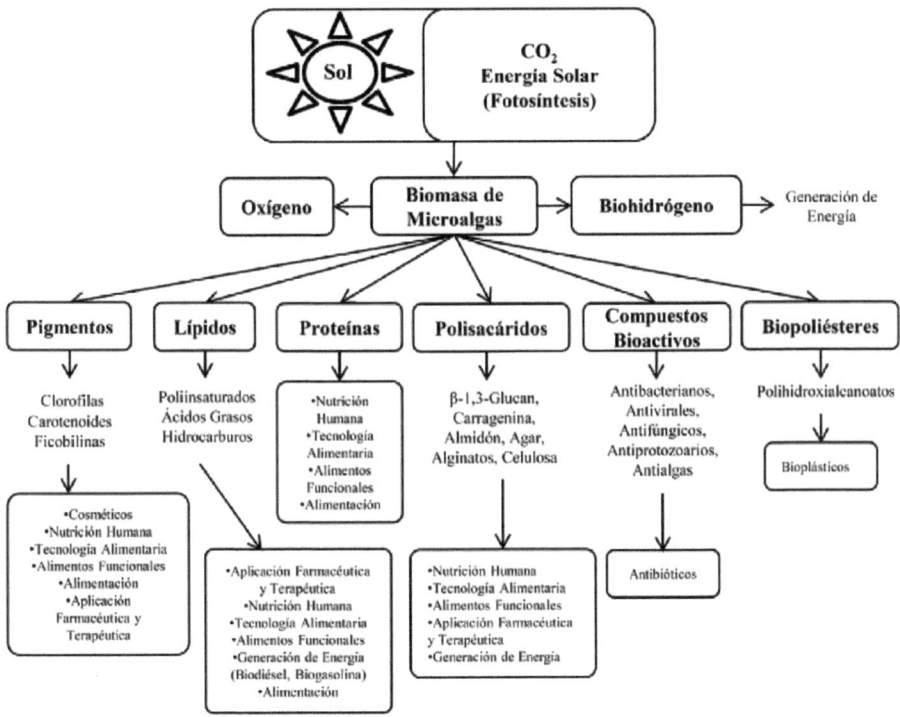

Figura 3-1. Panorámica general de productos sintetizados y áreas de aplicación a partir de cepas de microalgas (Koller *et al.*, 2014)

La Tabla 3-1 indica productos comerciales identificados a partir de distintos géneros y especies de microalgas. Cabe mencionar que las propiedades de las microalgas además de variar entre las distintas especies estas también varían significativamente bajo las diferentes condiciones de cultivo tales como: alcalinidad del medio, pH, temperatura, disponibilidad y concentración de nutrientes, tipo de luz, densidad celular, contaminación o depredación por otros organismo (Brown *et al.*, 1997).

Tabla 3-1. Aplicaciones biotecnológicas de productos a partir de microalgas (Wan-Loy Chu, 2012)

Producto	Aplicaciones	Microalgas productoras
Ácidos grasos poliinsaturados (PUFA)		
Ácido eicosapentaenoico (EPA)	Suplementos nutricionales, alimento para acuacultura	*Pavlova, Nannochloropsis, Monodus* y *Phaeodactylum*
Ácido docosahexaenoico (DHA)	Suplementos nutricionales, alimento para acuacultura, fórmula infantil	*Crypthecodiuimu* y *Schizochytrium*
Ácido gama-linolenico (GLA)	Suplementos nutricionales	*Spirulina*
Ácido araquidónico (AA)	Suplementos nutricionales	*Porphyridium*
Ficobiliproteínas		
Ficocianina	Colorante natural para alimentos saludables y cosméticos (lápices labiales y delineadores de ojos) antioxidante	*Spirulina platensis*
Ficoeritrina	Agente fluorescente, herramienta para la investigación biomédica, herramienta de diagnóstico	Alga roja (*e.g. Porphyridium cruentum*)
Carotenoides		
β-caroteno	Colorante para alimentos, antioxidante, propiedades preventivas de cáncer	*Dunaliella salina*
Astaxantina	Pigmento para salmón, antioxidante	*Haematococcus pluvialis*
Ficotoxinas		
Ácido okadaico, gonyautoxina e yessotoxinas	Herramientas experimentales para investigaciones sobre enfermedades neurodegenerativas	Dinoflagelados (*e.g. Amphidinium, Prorocentrum* y *Dinophysis*)
Lípidos		
Triglicéridos e hidrocarburos	Biocombustibles	*Chlorella protothecoides Botryococcus braunii*
Aminoácidos tipo micosporina	UV-detección de agentes patógenos, protector solar	*Aphanizomenon flos-aquae*
Polisacáridos	Viscosificantes, lubricantes y floculantes para aplicaciones industriales, agente antiviral	*Porphyridium cruentum*

3-2 Obtención de sustancias bioactivas a partir de microalgas

La amplia biodiversidad genética de microalgas distribuida por toda la biosfera, con adaptaciones a todo tipo de condiciones ambientales, ha contribuido a una gran diversidad de compuestos químicos que son capaces de sintetizar, esto representa un potencial único aplicado para la llamada "biotecnología azul". La investigación en microalgas con enfoque a la identificación y potencial producción de nuevos compuestos bioactivos: antibacterianos (Ghasemi *et al.*, 2004), antivirales (Borowitzka, 1995) y antifúngicos (Ghannoum y Rice, 1999) con distintos mecanismos de acción que puedan dar lugar a agentes terapéuticamente útiles ha ido en aumento (Amaro *et al.*, 2011), ejemplos de estudios de efectos bioactivos se observan en la Tablas 3-2 a 3-4.

Tabla 3-2. Características antifúngicas estudiadas en principios activos obtenidos a partir de microalgas (Amaro *et al.*, 2011)

Microalga	Principio activo	Microorganismo objetivo
Chlamydomonas reinhardtii	Extractos metanólicos	*Candida kefir, Aspergillus niger, Aspergillus fumigatus*
Chlorella vulgaris		–
Oocystis sp.		
Scenedesmus obliquus		
Amphidinium sp.	Karatungiol	*A. niger, Trichomonas foetus*
Goniodoma pseudogoniaulax	Goniodomina A	–
Gambierdiscus toxicus	Compuestos de poliéter (ácido gambierico A y B)	–
Prorocentrum lima	Compuestos de poliéter	–
Dinophysis fortii		–
Haematococcus pluvialis	Ácido butanoico y lactato de metilo	*Candida albicans*
Haematococcus pluvialis	–	*A. niger, Aspergillus flavus, Penicillium herquei, Fusarium moniliforme, Helminthosporium* sp., *Alternaria brassicae, Saccharomyces cerevisiae, C. albicans*

– No especificado

Tabla 3-3. Características antivirales estudiadas en principios activos obtenidos a partir de microalgas (Amaro *et al.*, 2011)

Microalga	Principio activo	Mecanismo de acción	Virus objetivo
Navicula directa	Polisacárido	Inhibición de la hialuronidasa	HSV1 y 2, influenza A
Gyrodinium impudicum	Exopolisacárido p–KG03	Inhibición (o desaceleración) del efecto citopático	Virus de la encefalomiocarditis
Dunaliella primolecta	Feoforbida α–,β– compuestos	Inhibición del efecto citopático	HSV1
Chlorella autotrophica	Polisacáridos sulfatados	Inhibición de la replicación *C. autotrophica*: 47.4 – 67.4 %	VHSV, ASFV
Ellipsoidon sp.		*Ellipsoidon* sp.: > a 44 %	
Criptomonas	Aloficocianina	Inhibición del efecto citopático, demora la síntesis del virus de ARN	Enterovirus 71
Cochlodinium polykrikoide	Polisacáridos sulfatados extracelulares	Inhibición del efecto citopático	Influenza A y B, VRS A y B, HSV–1

Tabla 3-4. Características antibacterianas estudiadas en principios activos obtenidos a partir de microalgas (Amaro *et al.*, 2011)

Microalga	Principio activo	Microorganismo objetivo
Phaeodactylum tricornutum	Ácido eicosapentaenoico	*Listonella anguillarum, Lactococcus garvieae, Vibrio* spp.
Haematococcus pluvialis	Ácidos grasos de cadena corta	–
	Ácidos grasos de cadena corta (ácido butanoico y lactato de metilo)	*Escherichia coli, Staphylococcus aureus*
Skeletonema costatum	Ácidos grasos de cadena larga saturados e insaturados	*Vibrio* spp.
Euglena viridis	Extractos orgánicos	*Pseudomonas, Aeromonas, Edwardsiella, Vibrio, E. coli*
S. costatum	Extra–metabolitos	*Listeria monocytogenes*
Staurastrum gracile	Extractos metanólicos	–
Pleurastrum terrestre		
Dictyosphaerium pulchellum		
Klebsormidium crenulatum		
Chlorococcum sp.	Extracto acuoso	–
Chlorococcum HS–101	Ácido α–linolénico	–
Chlorokybus atmophyticus	Extracto de acetona	–
Chlamydomonas reinhardtii	Extractos metanólicos y hexanólico	*S. aureus, Staphylococcus epidermidis, Bacillus subtilis, E. coli, Salmonella typhi*
Chlorella vulgaris		

– No especificado

3-3 Situación comercial y económico de microalgas

La comercialización de microalgas empezó como aditivo de alimenticio en Japón al inicio de 1960 con un cultivo de *Chlorella* sp. la cual continuó durante las décadas de 1970 y 1980, expandiéndose mundialmente, principalmente a Estados Unidos de América, India, Israel y Australia (Spolaore *et al.*, 2006., Pulz y Scheinbenbogan, 1998., Borowitzka, 1999). Por otro lado, el precio de mercado para la biomasa de microalgas y sus componentes varía en función del área donde se encuentre el centro de producción, la situación real del mercado y la pureza del producto. Una característica a tener en cuenta en los productos que ofrecen los valores económicos más altos de comercialización son los compuestos extraídos que representan un pequeño porcentaje del total, en las que se requiere un alto esfuerzo en aislamiento, purificación que contribuye considerablemente a los precios finales (Tabla 3-5).

Tabla 3-5. Los precios de mercado y el volumen del mercado mundial de productos de microalgas seleccionados (Koller *et al*., 2014)

Producto	*Precio de mercado aproximado por Kg [USD-$]	*Volumen global del mercado [USD-$]
Biomasa para nutrientes	40 – 50	1.25×10^9
Biomasa para alimentación	10	4×10^9
Nutracéuticos de microalgas para la nutrición humana	120	7×10^7
Biodiésel	0.5 (precio general para el biodiésel en el mercado); 3 – 4 (precio de producción de origen microalgal; estimaciones fuertemente fluctuantes)	1×10^9
β-Caroteno	300 – 3000	2×10^8
Astaxantina	> 2000	2×10^8
Ficobiliproteínas	3000 – 25,000	5×10^7
β-1,3-Glucan	5 – 20	1×10^8 (estimación para EE.UU.)
Ácido docosahexaenoico (ADH)	50	1×10^8 (estimación de la República Popular China); 4×10^8 (estimación para EE.UU.)
Ácido eicosapentaenoico (EPA)	4600 (cultivo puro de *Phaeodactylum tricornutum*, producto de alta pureza)	1.25×10^3 (estimación para Japón)

Bibliografía

- Amaro, H.M., Guedes, A.C., Malcata, F.X. 2011. Antimicrobial activities of microalgae: an invited review. Science against Microbial Pathogens: Communicating Current Research and Technological Advances. Formatex Microbiology Book Series, Nova Science Publisher. (3), 1272-1284.

- Batista, A.B., Gouveia, L., Bandarra, N.M., Franco, J.M, Raymundo, A. 2013. Comparison of microalgal biomass profiles as novel functional ingredient for food products. Algal Research. (2), 164-173.

- Borowitzka, M.A. 1995. Microalgae as sources of pharmaceuticals and other biologically active compounds. Journal of Applied Phycology. (7), 65-68.

- Borowitzka, M.A. 1999. Commercial production of microalgae: ponds, tanks, tubes and fermenters. Journal of Biotechnology. 70 (1–3), 313-21.

- Brown, M.R., Jeffrey, S.W., Volkman, J.K., Dunstan, G.A. 1997. Nutritional properties of microalgae for mariculture. Aquaculture. (151), 315-331.

- Chu, W.L. 2012. Biotechnological applications of microalgae. International e - Journal of Science, Medicine & Education. (6), 24-37.

- Ghannoum, M.A., Rice L.B. 1999. Antifungal agents: mode of action, mechanisms of resistance, and correlation of these mechanisms with bacterial resistance. Clinical Microbiology Reviews. (12), 501-517.

- Ghasemi, Y., Yazdi, M.T., Shafiee, A., Amini, M., Shokravi S., Zarrini, G. 2004. Parsiguine, a novel antimicrobial substance from Fischerella ambigua. Pharmaceutical Biology. (42), 318-322.

- Koller, M., Muhr, A., Braunegg, G. 2014. Microalgae as versatile cellular factories for valued products. Algal Research. (6), 52-63.

- Mata, T., Melo, A., Simões, M., Caetano, N. 2011. Parametric study of a brewery effluent treatment by microalgae Scenedesmus obliquus. Bioresource Technology. (107), 151-158.

- Pulz, O., Gross, W., 2004. Valuable products from biotechnology of microalgae. Applied Microbiology and Biotechnology. (65), 635-648.

- Pulz, O., Scheinbenbogan, K. 1998. Photobioreactors: design and performance with respect to light energy input. Advances in Biochemical Engineering/Biotechnology. (59), 123-152.

- Reyna Martínez, R., Gómez Flores, R., López Chuken, U.J., González González, R., Fernández Delgadillo, S., Balderas Rentería, I. 2014. Lipid Production by Pure and Mixed Cultures of *Chlorella pyrenoidosa* and *Rhodotorula mucilaginosa* Isolated in Nuevo Leon, Mexico. Applied Biochemistry and Biotechnology. DOI 10.1007/s12010-014-1275-6

- Spolaore, P., Joannis Cassan, C., Duran, E., Isambert, A. 2006. Commercial applications of microalgae. Journal of Bioscience and Bioengineering. (101), 87-96.

- Wan Loy Chu., 2012. Biotechnological applications of microalgae. International e - Journal of Science, Medicine & Education 6 (Supplement 1): S24-S37.

CAPÍTULO 4

CONSIDERACIONES EN LA PRODUCCIÓN DE BIOMASA DE MICROALGAS Y TRATAMIENTO DE AGUAS

4-1 Uso de nutrientes no aprovechados para la obtención de biomasa de microalgas

Hay pocos estudios que combinan los beneficios entre la producción de biomasa generada por la remoción biológica de contaminantes en descargas eutróficas (Aslan y Kapdan, 2006) como un medio de cultivo con nutrientes esenciales (N y P) que defina la generación de biomasa a bajo costo y la aplicación de la misma, que de acuerdo a su calidad final, pueden tener una diversidad de aplicaciones como las anteriormente mencionadas (Capítulo 3) o incluso aplicaciones ambientales como la biosorción de metales (Perales, 2006) y reinóculos para el consumo de nutrientes en aguas residuales (Boelee, 2012).

La Figura 4-1 muestra un diagrama esquemático conceptual para el desarrollo de productos a partir de cultivos de microalgas, del cual se podría hacer el uso de descargas contaminantes.

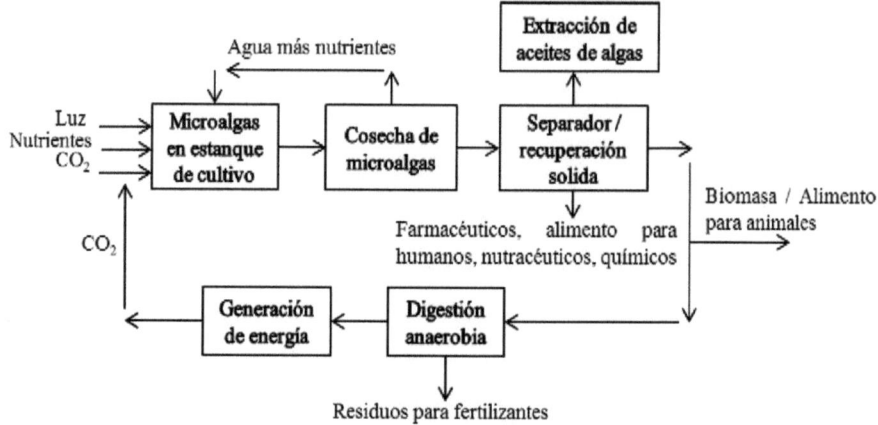

Figura 4-1. Bioprocesos con microalgas para la producción de productos diversos de consumo
(Chisti, 2007)

De igual manera, el uso del cultivo de microalgas propuesto con la doble funcionalidad de eliminar nutrientes con la consecuente mejora de la calidad de descarga y la obtención de biomasa de microalgas. Deberá considerar una serie de necesidades tales como: 1) medio de cultivo de bajo costo (*e.g.* en el caso de utilizar efluentes secundarios PTAR, no se tiene costo), 2) sistemas de producción económicos y de fácil mantenimiento, y sobre todo 3) métodos de cosecha eficientes (Cai *et al.*, 2013).

4-2 Sistemas de producción de biomasa de microalgas

Un número creciente de estudios se han realizado para explorar las técnicas, procedimientos y procesos de producción de grandes cantidades de biomasa de microalgas para fines productivos (Spolaore *et al.*, 2006). El cultivo de microalgas puede realizarse en sistemas abiertos (estanques) o sistemas cerrados (fotobiorreactores). Ambos sistemas tienen ventajas y desventajas. La Tabla 4-1 ilustra las limitaciones en de operación entre sistemas fotobiorreactores y abiertos.

Tabla 4-1. Comparación de cultivo de microalgas en fotobiorreactor y sistema abierto (Rashid et al., 2014)

Parámetro	Fotobiorreactor		Sistema abierto	
Contaminación	Menor	✓	Mayor	X
Mezclado	Alto	✓	Bajo	X
Costo capital	Alto	X	Bajo	✓
Área	Mínima	✓	Elevada	✓
Evaporación	Menor	–	Mayor	–
Intercambio gaseoso	Alto	✓	Bajo	X
Rendimiento de lípidos	Alto	✓	Bajo	X
Rendimiento de biomasa	Alto	✓	Bajo	X
Comercialización	Difícil	X	Fácil	✓
Cosecha	Alto	✓	Bajo	X
Proceso de optimización	Fácil	✓	Difícil	X

✓ Condición deseada; X Condición no deseada; – depende de los objetivos propuestos

4-3 Sistemas de producción de biomasa de microalgas

La recuperación de biomasa presenta importantes limitaciones y desafíos (Tabla 4-2), en el cual los métodos convencionales de recuperación de biomasa (*e.g.* centrifugación, adición de floculantes, filtración) contribuyen del 20 al 30% del costo total de la producción (Grima *et al.*, 2003). Esto se vuelve crucial para la selección de una técnica de cosecha para que la producción de biomasa de microalgas sea económicamente viable (Schenk *et al.*, 2008).

Tabla 4-2. Principales limitaciones y desafíos que enfrenta la cosecha de microalgas (Rashid et al., 2014)

- Cultivo estable y diluido de microalgas
- Tamaño de células pequeñas, diversidad de tamaño celular, forma y movilidad
- Presencia de matéria orgánica algogénica (MOA)
- Contaminación de biomasa cosechada por productos químicos
- Interferencia con la extracción de lípidos
- Protocolo diferente para agua dulce y algas marinas
- No hay métodos simples aplicables a todos los tipos de cultivo de microalgas
- Baja eficiencia de cosecha
- Dosis floculante alta
- Alto consumo de energía

La Tabla 4-3 presenta una un resumen de los posibles obstáculos, soluciones, intereses futuros, objetivos de investigación y desarrollo en la cosecha de microalgas.

Tabla 4-3. Guía básica para cosechar microalgas (Rashid *et al.*, 2014)

Obstáculos técnicos en las técnicas de cosecha	Acción requerida
Floculación	
Baja eficiencia de cosecha debido al pequeño tamaño celular La técnica de cosecha depende de la cepa a cosechar Menor eficiencia es especies marinas (debido a la alta salinidad) Recuperación del floculante para la reducción de costos y purificación del agua Aumento de la contaminación del ambiente por el uso excesivo de floculantes o aditivos	Optimizar el método de: floculación, manipulación de pH, el impacto ambiental debe ser entendido
Filtración	
La falta de disponibilidad de un material adecuado para el filtro Se necesita un diseño optimizado para evitar la formación de torta en el proceso de filtración Depende de la cepa de microalgas Costoso	Optimizar el diseño de filtración; material de filtro y el concepto de vibración de filtros debe introducirse
Centrifugación	
Alto costo capital	Se deben introducir unidades comerciales de bajo costo
Sedimentación	
Falta de un diseño adecuado	Optimizar la alta recuperación de floculantes en los tanques de sedimentación con el diseño de un sistema de reciclaje de agua
Flotación de aire disuelto	
No hay estudios significativos disponibles	Establecer los estudios de línea de base, así como el diseño de ingeniería para determinar el tamaño de burbuja óptimo y su distribución en el cultivo
Electro flotación / coagulación / floculación	
Sustitución periódica de electrodos Escala de electrodos Pocos estudios disponibles	Diseñar una técnica eficaz para eliminar la escala de los electrodos
Auto-floculación	
Capacidad limitada de las microalgas para la captación de CO_2, P y otros nutrientes La correlación de pH, nutrientes y la captación de biomasa no se ha desarrollado hasta el momento	Investigar la interacción de la absorción de nutrientes, cambio de pH y la disolución de oxígeno
Bio-floculación	
Desarrollo de la relación sinérgica entre bacterias y algas No se dispone de análisis tecno-económicos	Desarrollar una relación sinérgica entre bacterias y algas. Realizar análisis tecno-económico y comparar con otras técnicas de cosecha
Sonicación	
No se dispone de muchos estudios	Se necesita de estudios extensos para explotar su efectividad
Manipulación metabólica	
Desarrollo de cepas de alta energía	Estudios intensivos necesarios para mejorar la energía contenido de microalgas

Bibliografía

- Aslan, S., Kapdan, I.K. 2006. Batch kinetics of nitrogen and phosphorus removal from synthetic wastewater by algae. Ecological Engineering. (28), 64-70.

- Boelee, N.C., Temmink, H., Janseen, M., Buisman Cees, J.N., Wijffels Rene H., 2012, Scenario Analysis of Nutrient Removal from Municipal Wastewater by Microalgal Biofilms. Water. (4), 460-473.

- Cai, T., Park, S.Y., Li, Y. 2013. Nutrient recovery from wastewater streams by microalgae: Status and prospects. Renewable and Sustainable Energy Reviews. (19), 360-369.

- Chisti, Y. 2007. Biodiesel from microalgae. Biotechnology Advances. (25), 294-306.

- Grima, E.M., Belarbi, E.H., Fernandez, F.G.A., Medina, A.R., Chisti, Y. 2003. Recovery of microalgal biomass and metabolites: process options and economics. Biotechnology Advances. 20 (7-8), 491-515.

- Perales Vela, HV, Peña Castro, J.M., Cañizares Villanueva, R.O. 2006. Heavy metal detoxification in eukaryotic microalgae. Chemosphere. (64), 1-10.

- Rashid, N., Saif Ur Rehman, M., Sadiq, M., Mahmood, T., Han, J. 2014. Current status, issues and developments in microalgae derived biodiesel production. Renewable and Sustainable Energy Reviews. (40), 760-778.

- Schenk, P., Thomas Hall, S., Stephens, E., Marx, U., Mussgnug, J., Posten, C. 2008. Second generation biofuels: high-efficiency microalgae for biodiesel production. BioEnergy Research; 1 (1), 20-43.

- Spolaore, P., Joannis Cassan, C., Duran, E., Isambert, A. 2006. Commercial applications of microalgae. Journal of Bioscience and Bioengineering. (101) 87-96.